《数学中的小问题大定理》丛书（第三辑）

置换多项式及其应用

孙琦　万大庆　编著

◎ 从完全剩余系谈起

◎ 迪克森多项式

◎ 密码系统简介

◎ 置换有理函数与 RSA 系统

◎ 置换多项式的构造

HITP

哈尔滨工业大学出版社

HARBIN INSTITUTE OF TECHNOLOGY PRESS

内容简介

本书系统地介绍了置换多项式的产生、发展和理论,并且着重介绍了它在现代科学中的广泛应用.论述深入浅出,简明生动,读后有益于提高数学修养,开阔知识视野.

本书可供从事这一数学分支相关学科的数学工作者、大学生以及数学爱好者研读.

图书在版编目(CIP)数据

置换多项式及其应用/孙琦,万大庆编著.—哈尔滨:哈尔滨工业大学出版社,2012.10(2014.5 重印)

ISBN 978-7-5603-3811-8

Ⅰ.①置… Ⅱ.①孙…②万… Ⅲ.①多项式-置换表示 Ⅳ.①O152.6

中国版本图书馆 CIP 数据核字(2012)第 234593 号

策划编辑	刘培杰　张永芹
责任编辑	徐　丽
封面设计	孙茵艾
出版发行	哈尔滨工业大学出版社
社　　址	哈尔滨市南岗区复华四道街 10 号　邮编 150006
传　　真	0451-86414749
网　　址	http://hitpress.hit.edu.cn
印　　刷	哈尔滨市石桥印务有限公司
开　　本	787mm×960mm　1/16　印张 6.75　字数 70 千字
版　　次	2012 年 10 月第 1 版　2014 年 5 月第 2 次印刷
书　　号	ISBN 978-7-5603-3811-8
定　　价	18.00 元

什么是置换多项式？简单地讲，置换多项式就是表完全剩余系的多项式. 历史上，完全剩余系起源于数学王子高斯的工作，早在1801 年，在他的名著《算术探讨》中就有对完全剩余系的系统研究.

什么又是完全剩余系呢？设 m 是一个正整数，我们知道任何一个整数用 m 去除后其余数均在 $\{0,1,\cdots,m-1\}$ 中. 若有 m 个整数，其余数正好互不相同（因此取 $\{0,1,\cdots,m-1\}$ 中的每个数正好一次），则称这 m 个数组成的集合为模 m 的一个完全剩余系. 又设 a,b 是任意整数，$(a,m)=1$，如果 x 通过模 m 的一个完全剩余系，则 $ax+b$ 也通过模 m 的一个完全剩余系，这是数论中一个熟知的性质. 注意，$ax+b$ 是一次整系数多项式. 于是自然要问：若 $f(x)$ 是一个 n 次整系数多项式，那么当 x 通过模 m 的一个完全剩余系时，$f(x)$ 是否也通过模 m 的一个完全剩余系呢？若结论是肯定的，则称 $f(x)$ 是模 m 的一个置换多项式.

1863 年,埃尔米特首先开创了对模 $p(p$ 是素数)的置换多项式的研究,得出了判别置换多项式的准则. 1866 年和 1870 年,塞利特和约当分别作了进一步的工作. 之后,迪克森于 1896~1897 年将置换多项式的概念推广到任意有限域上,对置换多项式作了深入和系统的探讨,这些工作的一个概述可以在他 1901 年的著作《线性群》中找到. 1923 年,迪克森在他的名著《数论史》第三卷中总结了 1922 年以前有关置换多项式的结果. 这一时期的基本工作均是由迪克森本人完成的.

20 世纪 50 年代以来,卡利茨及其学生,还有其他一些数学家对置换多项式又开始了新的研究. 一些深入的工具,如黎曼曲面的理论、代数数论、算术代数几何等相继用到置换多项式上,得出了许多深刻的结果. 模 p 的单变元置换多项式也开始被推广到剩余类环以至一般环的多变元置换多项式上,这些工作大大丰富了置换多项式的内容,给该领域以极大的推动和发展. 1973 年,劳斯基和诺鲍尔在其专著《多项式代数》中收入了一百余篇关于置换多项式的论文. 到 1983 年,从利德尔和尼德赖特尔的百科全书式的著作《有限域》一书中可以看出,研究置换多项式的论文已多达四百余篇! 可见,近年来,置换多项式发展相当迅速.

引起置换多项式迅速发展的一个原因是置换多项式已逐渐在数论、组合论、群论、非结合代数、密码系统等领域中得到应用. 作为一个有趣的例子,我们在第 2 章中将给出置换多项式对公钥密码的一个应用.

应当指出,对置换多项式的研究虽有一百余年的历史,该领域内仍有大量的工作可做,还有许多问题没有得到解决,对于一般环上的置换多项式更是如此.

鉴于上述情况及国内目前尚无介绍这方面工作的读物,我们特将有关置换多项式的基本内容及进展情况整理成册,用尽量简单的形式介绍给我国读者,以促进国内在这方面的研究. 在材料的选取上,我们仅限于模 m 的置换多项式和有限域 F_q 上的置换多项式,因为这两种情形都是最简单和基本的,都有比较丰富和完善的结果,而且得到了较广泛的应用,所以这种选取并不影响对置换多项式这个课题的了解. 对于一般的抽象环上的置换多项式及多变元置换多项式,读者可参考文献[24]和[27],后面还附有非常完备的参考文献.

另外,对不太复杂的定理,我们都尽量给出其证明,这样,通过本书读者不仅能够了解到置换多项式的一个概貌,而且能学到一些基本的解决问题的方法. 我们在书中还提出了一些有待解决的问题,以供有志于在这方面进行研究的读者参考. 在附录中,我们还不加证明地介绍了用到的一些预备知识,因此,读者只要具备代数的基础知识,就能读懂本书的绝大部分内容.

最后,由于这本小册子首次将有关置换多项式的基本内容整理成册,限于作者的水平,错误和不妥之处在所难免,敬请读者批评指正.

作者

3

⊙

目

录

1

剩余类环的置换多项式

为简单起见,本章只讨论剩余类整数环 $\mathbf{Z}/(m)$ 的置换多项式. 对一般有单位元的交换环, 如剩余类代数整数环, 我们将不予考虑. 值得指出的是, 本章中的许多结果都可推广到有限域上去, 这些将在第 3 章中加以介绍.

1. 从完全剩余系谈起

设 m 是一个正整数, 从模 m 的每一个剩余类中选取一个代表元组成的集, 称为模 m 的一个完全剩余系. 例如 $\{0,1,\cdots,m-1\}$ 组成模 m 的一个完全剩余系, $\{m+1, m+2, \cdots, 2m\}$ 也组成模 m 的一个完全剩余系. 完全剩余系是数论中一个重要的基本概念, 在高斯的名著《算术探讨》中就有系统研究.

我们所关心的问题是完全剩余系的构造,这就导致对置换多项式的研究. 完全剩余系的最简单构造是 $\{b, a+b, 2a+b, \cdots, (m-1)a+b\}$,这里 a 是与 m 互素的一个整数. 这个完全剩余系可简单地用整系数线性多项式 $ax+b$ 表示,也就是当 x 取值 $0, 1, \cdots, m-1$(模 m 的一个完全剩余系)时,$ax+b$ 正好就是所构造的完全剩余系. 一般地,自然要问哪些整系数多项式能够代表模 m 的完全剩余系,这便是本书的主题.

顺便指出,在大多数情形讨论整系数多项式代表完全剩余系的问题就足够了. 事实上,后面将证明,当模 m 是一个素数时,模 m 的任一完全剩余系,甚至 $\mathbf{Z}/(m)$ 到 $\mathbf{Z}/(m)$ 的任一函数均可由某一整系数多项式表出.

定义　设 $f(x)$ 是一整系数多项式. 如果当 x 过模 m 的一个完全剩余系时,$f(x)$ 也过模 m 的一个完全剩余系,则称 $f(x)$ 是模 m 的置换多项式. 因为,此时 $f(x)$ 正好导出 $\{0, 1, \cdots, m-1\}$ 的一个置换.

从 $f(x+m) \equiv f(x)(\bmod m)$ 知,$f(x)$ 是模 m 的置换多项式相当于 $\{f(0), f(1), \cdots, f(m-1)\}$ 是模 m 的一个完全剩余系.

因为模 m 的 m 个剩余类作成一个环,记为剩余类整数环 $\mathbf{Z}/(m)$,模 m 的置换多项式也可称为环 $\mathbf{Z}/(m)$ 的置换多项式.

定理 1.1　设 $f(x), g(x)$ 是模 m 的两个置换多项式,$2 \mid m$,则 $f(x)+g(x)$ 不是模 m 的置换多项式.

这个定理可从下述关于完全剩余系的引理直接得到.

引理 1.2[2]　设 $2 \mid m$,$\{a_1, \cdots, a_m\}$,$\{b_1, \cdots, b_m\}$

2

是模 m 的两个完全剩余系,则 $\{a_1 + b_1, \cdots, a_m + b_m\}$ 不是模 m 的一个完全剩余系.

证　由假设

$$\sum_{j=1}^{m} a_j \equiv \sum_{j=1}^{m} j = \frac{m(m+1)}{2} \equiv \frac{m}{2} (\bmod\ m)$$

$$\sum_{j=1}^{m} b_j \equiv \sum_{j=1}^{m} j = \frac{m(m+1)}{2} \equiv \frac{m}{2} (\bmod\ m)$$

两式相加得

$$\sum_{j=1}^{m} (a_j + b_j) \equiv \frac{m}{2} + \frac{m}{2} (\bmod\ m) \qquad (1.1)$$

另一方面,如果 $\{a_1 + b_1, \cdots, a_m + b_m\}$ 是模 m 的一个完全剩余系,则

$$\sum_{j=1}^{m} (a_j + b_j) \equiv \sum_{j=1}^{m} j = \frac{m(m+1)}{2}$$

$$\equiv \frac{m}{2} (\bmod\ m) \qquad (1.2)$$

这与式(1.1)矛盾,因此 $\{a_1 + b_1, \cdots, a_m + b_m\}$ 不是模 m 的一个完全剩余系.

注　当 m 为奇数时,定理1.1一般不成立. 例如取 $f(x) = x, g(x) = 2x, m = 5$,则 $f(x), g(x)$ 是模 5 的置换多项式,而 $f(x) + g(x) = 3x$ 也是模 5 的置换多项式.

与引理 1.2 有关的一个概念是 m 元全差置换. 设 $(a_0 a_1 \cdots a_{m-1})$ 是 $(0\ 1\ 2 \cdots m - 1)$ 的一个置换,如果 $\{a_0 - 0, a_1 - 1, a_2 - 2, \cdots, a_{m-1} - (m - 1)\}$ 是模 m 的一个完全剩余系,则称置换 $(a_0 a_1 \cdots a_{m-1})$ 是一个 m 元全差置换. 以 $N_0(m)$ 表示 m 元全差置换的个数,则引理 1.2 说明当 $2 \mid m$ 时, $N_0(m) = 0$. 当 m 是奇数时,设 $m = 2k + 1$,令置换 $\sigma = (2k\quad 2k - 1\quad \cdots\quad k + 1\quad k\quad k - 1\quad \cdots\quad 1\quad 0)$,则因为 $\{2k, 2k - 2, 2k - 4, \cdots, 2,$

$0, -2, \cdots, -2k\}$ 是模 m 的一个完全剩余系知 $N_0(2k+1) > 0$. 因此, $N_0(m) > 0$ 的充要条件是 m 为奇数. 当 $m \leqslant 15$ 时, $N_0(m)$ 的值已经算出, 例如 $N_0(13) = 1\ 030\ 367$, $N_0(15) = 36\ 362\ 925$, 见[4].

1968 年, 乔拉和扎森豪斯[13]提出了下述两个猜想:

猜想 I 设 f 是一次数大于 1 的整系数多项式, p 是一充分大的素数. 若 f 是模 p 的置换多项式, 则对所有 $a \not\equiv 0 \pmod{p}$, $f(x) + ax$ 均不是模 p 的置换多项式.

猜想 II 设 f 是次数大于 1 的整系数多项式, p 是充分大的素数. 若 f 不是模 p 的置换多项式, 则存在整数 c, 使得多项式 $f(x) + c$ 是模 p 不可约的.

这两个猜想至今未被解决.

引理 1.3 设 n 是 m 的一个正因子. 若 $f(x)$ 是模 m 的置换多项式, 则 $f(x)$ 也是模 n 的置换多项式.

证 若 $f(x)$ 不是模 n 的置换多项式, 则当 x 过模 n 的完全剩余系时, $f(x)$ 不过模 n 的一个完全剩余系. 因此有一整数 a, 使得 $f(x) \equiv a \pmod{n}$ 无解. 这样, $f(x) \equiv a \pmod{m}$ 也无解, 从而 $f(x)$ 不是模 m 的置换多项式, 矛盾.

对于两个置换多项式的乘积, 现在可以证明:

定理 1.4 设 $m > 2$, $f(x), g(x)$ 是模 m 的两个置换多项式, 则乘积 $f(x) \cdot g(x)$ 不是模 m 的置换多项式.

证 用反证法. 设 $f(x) \cdot g(x)$ 是模 m 的一个置换多项式, 则 $f(x) \cdot g(x) \equiv 0 \pmod{m}$ 只有一个解, 因 $f \equiv 0 \pmod{m}$, $g \equiv 0 \pmod{m}$ 各有一解, 这两个解必

须是相同的, 经变换 $x \to x + a$ 后, 我们可不妨设 $f(0) \equiv g(0) \equiv 0 (\mathrm{mod}\ m)$. 现分两种情况:

(i) 设有一奇素数 $p \mid m$. 由引理 1.3 知 $f(x)$, $g(x)$, $f(x) \cdot g(x)$ 均是模 p 的置换多项式. 设 r 是模 p 的一个原根, 因 $f(0) \equiv g(0) \equiv 0 (\mathrm{mod}\ p)$, 故存在整数 $\{a_1, a_2, \cdots, a_{p-1}\}$, $\{b_1, b_2, \cdots, b_{p-1}\}$ 均作成模 $p-1$ 的完全剩余系, 满足

$$f(i) \equiv r^{a_i} (\mathrm{mod}\ p), g(i) \equiv r^{b_i} (\mathrm{mod}\ p)$$

对 $1 \le i \le p-1$ 都成立. 因此

$$f(i)g(i) \equiv r^{a_i + b_i} (\mathrm{mod}\ p)\ (1 \le i \le p-1)$$

从 $f(0) \cdot g(0) \equiv 0 (\mathrm{mod}\ p)$ 及 $f(x) \cdot g(x)$ 是模 p 的置换多项式知 $\{a_1 + b_1, \cdots, a_{p-1} + b_{p-1}\}$ 必须是模 $p-1$ 的一个完全剩余系, 这与引理 1.2 矛盾.

(ii) $4 \mid m$. 此时 $f(x), g(x), f(x) \cdot g(x)$ 均是模 4 的置换多项式. 直接验证知模 4 的两个完全剩余系的对应积不再是模 4 的完全剩余系. 因此, $f(x) \cdot g(x)$ 不是模 4 的置换多项式.

注　1948 年, 乔拉证明了更广泛的结果:

模 $m (m > 2)$ 的两个完全剩余系的积不是模 m 的完全剩余系. 另外, 定理 1.4 还可推广到特征为奇数的有限域上去, 见第 3 章.

定理 1.5　(i) 设 $m = \prod_{i=1}^{k} p_i^{\alpha_i}$ 是 m 的标准分解式, 则 $f(x)$ 是模 m 的置换多项式当且仅当 $f(x)$ 是模 $p_i^{\alpha_i} (i = 1, \cdots, k)$ 的置换多项式.

(ii) 设 p 是一素数, k 是大于 1 的整数, 则 $f(x)$ 是模 p^k 的置换多项式当且仅当 $f(x)$ 是模 p 的置换多项式, 且导数 $f'(x) \equiv 0 (\mathrm{mod}\ p)$ 无解.

证 (i) 若 $f(x)$ 是模 m 的置换多项式,则由引理 1.3 立得 $f(x)$ 是模 $p_i^{\alpha_i}(i = 1, \cdots, k)$ 的置换多项式. 反过来,若 $f(x)$ 是模 $p_i^{\alpha_i}(i = 1, \cdots, k)$ 的置换多项式,如果 $f(x)$ 不是模 m 的置换多项式, 则存在整数 $a_1 \not\equiv a_2 \pmod{m}$ 使 $f(a_1) \equiv f(a_2) \pmod{m}$. 因 $a_1 \not\equiv a_2 \pmod{m}$, $p_i^{\alpha_i}(i = 1, \cdots, k)$ 两两互素,有一 p_j 使 $a_1 \not\equiv a_2 \pmod{p_j^{\alpha_j}}$. 而 $f(a_1) \equiv f(a_2) \pmod{p_j^{\alpha_j}}$,因此 $f(x)$ 不是模 $p_j^{\alpha_j}$ 的置换多项式,与假设矛盾.

(ii) 如果 $f'(x) \equiv 0 \pmod{p}$ 无解且 $f(x)$ 是模 p 的置换多项式,我们证明对每一整数 a,同余式 $f(x) \equiv a \pmod{p^k}$ 至多有一个解. 我们先证 $k = 2$ 的情形,若此时有两个解 x_1, x_2 满足 $x_1 \not\equiv x_2 \pmod{p^2}$,由 $f(x_1) \equiv f(x_2) \pmod{p}$ 和 $f(x)$ 是模 p 的置换多项式知 $x_1 \equiv x_2 \pmod{p}$. 设 $x_1 = x_2 + pt$,则 $f(x_1) = f(x_2 + pt) \equiv f(x_2) + ptf'(x_2) \pmod{p^2}$,故有 $0 \equiv f(x_1) - f(x_2) \equiv (x_1 - x_2)f'(x_2) \pmod{p^2}$. 因 $f'(x_2) \not\equiv 0 \pmod{p}$ 必有 $x_1 \equiv x_2 \pmod{p^2}$,与所设矛盾. 即 $f(x) \equiv a \pmod{p^2}$ 至多有一个解. 类似可证, $f(x) \equiv a \pmod{p^k}$ 至多有一个解. 因 $f(x)$ 取 p^k 个值(对应于 x 取 $0, 1, \cdots, p^k - 1$),故对每一 a, $f(x) \equiv a \pmod{p^k}$ 恰有一解,这就是说 $f(x)$ 是模 p^k 的置换多项式.

反过来,若 $f'(x) \equiv 0 \pmod{p}$ 有一解 x_0,则 $f(x_0 + pi) \equiv f(x_0) + pif'(x_0) \pmod{p^2} \equiv f(x_0) \pmod{p^2}$,因此 $f(x) \equiv f(x_0) \pmod{p^2}$ 至少有 p 个解 $x = x_0 + pi(i = 0, 1, \cdots, p - 1)$,从而 $f(x)$ 不是模 p^2 的置换多项式,当然更不是模 p^k 的置换多项式.

若多项式 $f(x)$ 满足 $f'(x) \equiv 0 \pmod{m}$ 无解,则

称 $f(x)$ 是模 m 的正则多项式. 定理 1.5 将模 m 的置换多项式归结为模 p 的正则置换多项式. 因此在以下几节中将重点讨论模 p 的置换多项式.

因剩余类环 $\mathbf{Z}/(p)$（也记为 F_p）是 p 个元的有限域, 我们以后常称模 p 的置换多项式是有限域 F_p 的置换多项式, 且同余式的语言用域中的等式运算来代替.

2. 置换多项式的判别与构造

置换多项式有下述几个等价的定义.

引理 1.6　设 $f \in F_p[x]$, 则 f 是 F_p 的置换多项式当且仅当以下条件之一成立:

（i）函数 $f: c \to f(c)$ 是 F_p 到 F_p 的单射.

（ii）函数 $f: c \to f(c)$ 是 F_p 到 F_p 的满射.

（iii）对任何 $a \in F_p$, $f(x) = a$ 在 F_p 中有解.

（iv）对任何 $a \in F_p$, $f(x) = a$ 在 F_p 中有唯一解.

证　（i）$\to$（ii）, 因 F_p 只含有有限个元（p 个元）, 故单射是满射.

（ii）$\to$（iii）,（iii）是（ii）的另一种说法.

（ii）$\to$（iv）, 因 F_p 只有有限个元, $f(x)$ 必须是 F_p 到 F_p 的单射, 故（iv）成立.

（iv）$\to$（i）,（i）是（iv）的直接推论.

（iv）和置换多项式的定义等价.

有限域 F_p 到自身的任一函数均可由 $F_p[x]$ 中的多项式表出. 事实上, 设 $\phi(x)$ 是 F_p 到 F_p 的任一函数, 令

$$g(x) = \sum_{c \in F_p} \phi(c)(1 - (x - c)^{p-1}) \qquad (1.3)$$

直接验证知 $g(b) = \phi(b)$ 对所有 $b \in F_p$ 成立, 且 $g(x)$

7

的次数小于 p. 因此 $\phi(x)$ 可由 $F_p[x]$ 中次数小于 p 的多项式表出.

设 $f(x) \in F_p[x]$, 由欧几里得算法知, 存在 $F_p[x]$ 中次数小于 p 的多项式 $g(x)$ 使得

$$f(x) \equiv g(x) \, (\bmod(x^p - x))$$

因 $x^p - x$ 在 F_p 上恒取零值, 故 $g(c) = f(c)$ 对所有 $c \in F_p$ 成立. 这样, $F_p[x]$ 中任一多项式 $f(x)$ 经模 $x^p - x$ 后均可化为一次数小于 p 的多项式 $g(x)$, $g(c) = f(c)$ 对所有 $c \in F_p$ 均成立. $g(x)$ 称为 $f(x)$ 模 $x^p - x$ 的简化多项式, $g(x)$ 的次数 $\deg(g(x))$ 称为 $f(x)$ 的简化次数.

引理 1.7　设 $f, f_1 \in F_p[x]$, 则 $f(c) = f_1(c)$ 对所有 $c \in F_p$ 成立当且仅当 $f(x) \equiv f_1(x) \, (\bmod(x^p - x))$.

证　由欧几里得算法, 存在次数小于 p 的多项式 $r(x)$ 满足

$$f(x) - f_1(x) \equiv r(x) \, (\bmod(x^p - x))$$

因为 $f(c) = f_1(c)$, $c^p - c = 0$ 对所有 $c \in F_p$ 成立, 故 $r(c) = 0$. 对所有 $c \in F_p$ 成立. 从 $r(x)$ 的次数小于 p 知, $r(x)$ 是零多项式, 即 $f(x) \equiv f_1(x) \, (\bmod(x^p - x))$. 上述证明反过来也成立.

引理 1.7 说明简化多项式是被唯一确定的, 简化次数因而也被唯一确定.

定理 1.8　设 $f \in F_p[x]$, 则 f 是 F_p 的置换多项式当且仅当下面两个条件成立:

（i）f 在 F_p 中恰有一个零点.

（ii）对每一整数 t, $1 \le t \le p - 2$, $f(x)^t$ 模 $x^p - x$ 的简化次数不超过 $p - 2$.

这个定理是关于置换多项式的最早的结果, 它是由埃尔米特在 1863 年证明的. 1896 年, 迪克森将该定

理推广到有限域上. 1970 年,格温伯格给出了一个新证明. 1978 年[11],卡利茨和卢茨又给出了一个新证明. 在第 3 章,我们将给出另一个证明.

注　1891 年,罗格尔曾将定理 1.8 中的条件 $1 \leqslant t \leqslant p - 2$ 改进为 $1 \leqslant t \leqslant \dfrac{p-1}{2}$. 但此结果不能推广到一般的有限域上去.

定理 1.8 的另一种形式为:

定理 1.9　设 $f \in F_p[x]$,则 f 是 F_p 的置换多项式当且仅当下面两个条件成立:

(i) $f(x)^{p-1}$ 的简化次数是 $p - 1$.

(ii) $f(x)^t (1 \leqslant t \leqslant p - 2)$ 的简化次数不超过 $p - 2$.

上述两个定理的证明可在第 3 章中找到,在那里,结果还要广泛.

定理 1.8 和定理 1.9 有时可用来判别 $F_p(x)$ 中的多项式是不是 F_p 的置换多项式,故定理 1.8(或定理 1.9)有时又称为埃尔米特判别法(准则). 下面我们举两个例子来说明埃尔米特准则在判别置换多项式时的应用.

定理 1.10　设 r 是正整数,$(r,p-1)=1$,s 是 $p-1$ 的一个正因子. 再设 $g(x) \in F_p[x]$,满足 $g(x^s)$ 在 F_p 中无非零根. 则多项式

$$f(x) = x^r \left(g(x^s) \right)^{\frac{p-1}{s}}$$

是 F_p 的置换多项式.

证　我们用定理 1.8 来证明这个结果. 条件(i)显然是满足的. 为证(ii),取 $t \in \mathbf{Z}$,$1 \leqslant t \leqslant p - 2$.

先设 $s \nmid t$. 此时 $f(x)^t$ 的展开式中 x 的方幂为形如

$rt + ms$ 的整数,其中 m 是非负整数. 因 $s \nmid t$,则 $s \nmid (rt + ms)$,从而 $(p-1) \nmid (rt + ms)$. 于是 $f(x)^t$ 模 $x^p - x$ 的简化次数不超过 $p - 2$(这是因为 $(p-1) \nmid (rt + ms)$,故 x^{rt+ms} 模 $x^p - x$ 后不能是 x^{p-1} 这一项).

再设 $t = ks, k$ 是正整数. 此时

$$f(x)^t = x^{rt}(g(x^s))^{(p-1)k}$$

令 $h(x) = x^{rt}$,则有 $f(c)^t = h(c)$ 对所有 $c \in F_p$ 成立,因为当 $c \neq 0$ 时,$g(c^s) \neq 0$. 再由引理 1.7 得

$$f(x)^t \equiv h(x) = x^{rt}(\mathrm{mod}(x^p - x))$$

而 $(p-1) \nmid rt$,故 $f(x)^t$ 的简化次数不超过 $p - 2$.

综上,应用定理 1.8 即得.

定理 1.11 设 $1 < k < p$. 如果:

(ⅰ) $p - 1 > (k-1)(k-1, p-1)$;

(ⅱ) $p - 1 \geqslant k[(k-1, p-1) - 1] > 0$;

其中之一成立,则 $f(x) = x^k + ax(a \neq 0)$ 不是 F_p 的置换多项式.

定理 1.11 可借助于定理 1.8 来证明. 一般地,可用深入的朗－韦依定理来证明 $f(x) = x^k + ax(a \neq 0)$ 在 $p > 0(k^4)$ 时,不是 F_p 的置换多项式. 这个结果可推广到任意有限域上去. 而定理 1.11 是否可推广到任意有限域上去,仍值得研究.

3. 迪克森多项式

本节中,我们介绍了一类很重要的置换多项式,即迪克森多项式.

设 k 是正整数,x_1, x_2 为变元,由附录中的华林公式得恒等式

$$x_1^k + x_2^k = \sum_{j=0}^{\left[\frac{k}{2}\right]} \frac{k}{k-j} \binom{k-j}{j} (-x_1 x_2)^j (x_1 + x_2)^{k-2j}$$

$$(1.4)$$

定义迪克森多项式如下

$$g_k(x,a) = \sum_{j=0}^{\left[\frac{k}{2}\right]} \frac{k}{k-j} \binom{k-j}{j} (-a)^j x^{k-2j} \quad (1.5)$$

上式中的方括号"$[b]$"表示实数 b 的整数部分. $g_k(x,a)$ 称为迪克森多项式. 它和分析中的第一类切比雪夫多项式有密切联系,因此在有些文献中又称为切比雪夫多项式.

在式 (1.4) 中,令 $x_1 = y, x_2 = \dfrac{a}{y}$ 得

$$g_k\left(y + \frac{a}{y}, a\right) = y^k + \left(\frac{a}{y}\right)^k \quad (1.6)$$

特别,当 $a = 0$ 时,有

$$g_k(x,0) = x^k \quad (1.7)$$

x^k 是 F_p 的置换多项式当且仅当 $x_1^k \neq x_2^k (x_1 \neq x_2 \in F_p)$,即 $\left(\dfrac{x_1}{x_2}\right)^k \neq 1$. 由附录知 $x^k = 1$ 在 F_p 中的解数为 $(k, p-1)$. 因此 $g_k(x,0) = x^k$ 是 F_p 的置换多项式当且仅当 $(k, p-1) = 1$.

当 $a \neq 0$ 时,有下述:

定理 1.12　设 $a \neq 0, a \in F_p$. 则由迪克森多项式 $g_k(x,a)$ 是 F_p 的置换多项式当且仅当 $(k, p^2 - 1) = 1$. $g_k(x,a)$ 是 F_p 的正则置换多项式当且仅当 $(k, p(p^2 - 1)) = 1$.

证　设 $(k, p^2 - 1) = 1$. 若有 $b, c \in F_p$ 使得

$g_k(b,a) = g_k(c,a)$，我们来推出 $b = c$. 在 F_p 的某一个二次扩域中取一非零元 β 使 $\beta + a\beta^{-1} = b$，同样又在 F_p 的另一个二次扩域中取一非零元 γ 使 $\gamma + a\gamma^{-1} = c$. 因 F_p 的所有二次扩域都是同构的，β 和 γ 都可在 F_p 的同一个二次扩域 F_{p^2} 中选取. 由式(1.6) 有

$$g_k(b,a) = \beta^k + \left(\frac{a}{\beta}\right)^k = \gamma^k + \left(\frac{a}{\gamma}\right)^k = g_k(c,a)$$

因此 $(\beta^k - \gamma^k)(\beta^k \gamma^k - a^k) = 0$. 由此有 $\beta^k = \gamma^k$ 或 $\beta^k = (a\gamma^{-1})^k$. 因 $(k, p^2 - 1) = 1$，故又有 $\beta = \gamma$，或 $\beta = a\gamma^{-1}$. 无论在什么情况下，都有 $b = c$. 即 $g_k(x,a)$ 是 F_p 的置换多项式.

再设 $(k, p^2 - 1) = d > 1$. 若 $2 \mid d$，则 $2 \mid k, 2 \nmid p$. 式(1.5) 表明 $g_k(x,a)$ 只含 x 的偶数次方幂，因此对所有 $c \in F_p^*$ 有 $g_k(c,a) = g_k(-c,a)$. 而 $c \neq -c$，故 $g_k(x,a)$ 不是 F_p 的置换多项式. 下设 $2 \nmid d$，则有 d 的奇素因子 $r, r \mid k, r \mid (p-1)$ 或 $r \mid (p+1)$. 分两种情况，当 $r \mid (p-1)$ 时，方程 $x^r = 1$ 在 F_p 中有 r 个解，因此存在 $b \in F_p^*, b^r = 1, b \neq 1, a$. 于是 $b^k = 1$，且由式(1.6) 得

$$g_k(b + ab^{-1}, a) = 1 + a^k = g_k(1 + a, a)$$

因 $b \neq 1, a$，故 $b + ab^{-1} \neq 1 + a$，这样 $g_k(x,a)$ 就不是 F_p 的置换多项式. 当 $r \mid (p+1)$ 时，设 γ 是 F_p 的二次扩域 F_{p^2} 中的一元使得 $\gamma^{p+1} = a$. 因 $x^r = 1$ 在 F_{p^2} 中有 r 个解，于是存在 $\beta \in F_{p^2}, \beta^r = 1, \beta \neq 1, a\gamma^{-2}$. 这样就有 $\beta^{p+1} = 1, \beta^k = 1$ 且

$$g_k(\gamma + a\gamma^{-1}, a) = g_k(\beta\gamma + a(\beta\gamma)^{-1}, a)$$

因为，F_{p^2} 中 $x^p - x$ 的所有零点组成 F_p，故有 $\gamma + a\gamma^{-1} = \gamma + \gamma^p \in F_p, \beta\gamma + a(\beta\gamma)^{-1} = \beta\gamma + (\beta\gamma)^p \in F_p$. 因

$\beta \neq 1, a\gamma^{-2}$，我们推得 $\gamma + a\gamma^{-1} \neq \beta\gamma + (\beta\gamma)^{-1}$，因此 $g_k(x, a)$ 不是 F_p 的置换多项式.

下面证明定理的第二部分. 从式（1.6）得

$$g_k\left(x + \frac{a}{x}, a\right) = x^k + \left(\frac{a}{x}\right)^k$$

对 x 求导得

$$g_k'\left(x + \frac{a}{x}, a\right)\left(1 - \frac{a}{x^2}\right) = kx^{k-1} - k\frac{a^k}{x^{k+1}} \quad (1.8)$$

因此有

$$\begin{aligned} g_k'\left(x + \frac{a}{x}, a\right) &= k\frac{(x^2)^k - a^k}{x^{k-1}(x^2 - a)} \\ &= \frac{k}{x^{k-1}}\sum_{j=0}^{k-1}(x^2)^{k-1-j}a^j \\ &= \frac{k}{x^{k-1}}h(x), \ h(x) \in \mathbf{Z}[x] \quad (1.9) \end{aligned}$$

如果 $g_k(x, a)$ 是 F_p 的正则置换多项式，则有 $g_k'(x, a)$ 在 F_p 中无零点. 从式（1.9）得出 $p \nmid k$，综合定理的第一部分得 $(k, p(p^2 - 1)) = 1$.

反过来，设 $(k, p(p^2 - 1)) = 1$. 若有 $s \in F_p$，使 $g_k'(s, a) = 0$，在 F_p 的某二次扩域中取一元 $u \neq 0$ 使 $u + \frac{a}{u} = s$，代入式（1.9）得 $h(u) = 0$. 于是有

$$(u^2 - a)h(u) = (u^2)^k - a^k = 0$$

从 $(k, p^2 - 1) = 1$ 得 $u^2 = a$，因此有

$$\begin{aligned} h(u) &= \sum_{j=0}^{k-1}(u^2)^{k-1-j}a^j = \sum_{j=0}^{k-1}a^{k-1} \\ &= ka^{k-1} = 0 \end{aligned}$$

必有 $p \mid k$，矛盾. 故 $g_k(x, a)$ 是 F_p 的正则置换多项式.

定理全部证完.

定理1.12本质上是由迪克森在1897年证明的. 1968年,诺鲍尔给出了一个完全的证明.

1971年,威廉斯用另一种方法证明了定理1.12的充分性部分.

由于在公钥密码中的应用,下面我们来讨论由迪克森多项式作成的群.

定义 设$f(x),g(x)$是$F_p[x]$中的两个多项式,称多项式$f(g(x))$为f与g的合成.

从置换多项式的定义看出,两个置换多项式的合成仍然是一置换多项式. 由于合成运算还满足结合律,因此,F_p的所有置换多项式在合成运算下作一群. 这个群的进一步研究将在第3章中给出. 对于迪克森多项式,它们是否能作成一个子群呢?

定义两个多项式类如下

$$P(0) = \{g_k(x,0) \mid k \in \mathbf{Z}^+, (k, p-1) = 1\}$$
$$P(a) = \{g_k(x,a) \mid k \in \mathbf{Z}^+, (k, p^2-1) = 1\}$$

上式中$\mathbf{Z}^+$表示由全体正整数组成的集合,a是F_p中的非零元. $P(0),P(a)$均是由置换多项式组成的集合.

定理1.13 $P(a)$在多项式的合成运算下是封闭的当且仅当$a = 0$,± 1,且此时还有关系$g_{km}(x,a) = g_k(g_m(x,a),a)$,因此$P(a)$是由$F_p$的置换多项式作成的一个交换群(阿贝尔群).

证 设$a \in F_p, k, m \in \mathbf{Z}^+$,则

$$g_k\left(g_m\left(y + \frac{a}{y}, a\right), a^m\right) = g_k\left(y^m + \frac{a^m}{y^m}, a^m\right)$$

$$= y^{km} + \frac{a^{km}}{y^{km}}$$

$$= g_{km}\left(y + \frac{a}{y}, a\right)$$

由式(1.6)得

$$g_{km}(x,a) = g_k(g_m(x,a),a^m) \qquad (1.10)$$

如果 $P(a)$ 在合成运算下是封闭的,则有 $g_k(g_m(x,a),a)$.
在 $P(a)$ 中,比较 x 的次数得

$$g_k(g_m(x,a),a) = g_{km}(x,a)$$

再由式(1.10)知

$$g_k(g_m(x,a),a) = g_k(g_m(x,a),a^m)$$

因 $g_m(x,a)$ 不是常数,故又有

$$g_k(x,a^m) = g_k(x,a)$$

当 $k > 1$ 时,比较 x^{k-2} 的系数得

$$a^m = a$$

如果 $a \neq 0$,因 $g_m(x,a) \in P(a)$,则 $(m,p^2-1) = 1$,再从 $a^m = a$ 得 $a = \pm 1$.

反过来,若 $a = 0$,± 1,由上述过程直接验证知 $P(a)$ 在合成运算下是封闭的.

上述定理表明,当 $a = 0$,± 1 时,$P(a)$ 作成一交换群.

4. 置换谱

设 $f(x)$ 是一个整系数多项式. 前面考虑了对给定的整数 m(特别是素数 p),$f(x)$ 是不是模 m 的置换多项式项. 这是一个局部性的问题. 本节考虑一个涉及整体性的问题,即在所有的整数中,$f(x)$ 能是哪些整数模 m 的置换多项式,即决定下列集合

$$M(f) = \{m \mid m \in \mathbf{Z}^+, f \text{ 是模 } m \text{ 的置换多项式}\}$$

$M(f)$ 称为多项式 f 的置换谱,它是由诺鲍尔于 1965 年首先提出并加以研究的,见[36].

定理1.5说明集合 $M(f)$ 可以归结为下列两个由

素数组成的集合

$S(f) = \{p \mid p$ 是素数, f 是模 p 的正则置换多项式$\}$

$T(f) = \{p \mid p$ 是素数, f 是模 p 的置换多项式,

但非正则的$\}$

由定理 1.5,集合 $M(f)$ 可由下面的定理给出:

定理 1.14 置换谱

$$M(f) = \{p_1 \cdots p_r q_1^{a_1} \cdots q_s^{a_s} \mid p_i \in T(f),$$
$$q_j \in S(f), a_j \geq 1\}$$

我们所关心的问题之一是决定置换谱 $M(f)$ 中素数的个数,这个数就是集合

$P(f) = S(f) \cup T(f)$

$\quad = \{p \mid p$ 是素数, f 是模 p 的置换多项式$\}$

(1.11)

中元素的个数. 本节中我们将给出 $P(f)$ 是无限集的充分必要条件.

引理 1.15 设 f 是整系数多项式 $f_1, \cdots, f_n$ 的合成,则有

$$M(f) = M(f_1) \cap M(f_2) \cap \cdots \cap M(f_n) \quad (1.12)$$
$$S(f) = S(f_1) \cap S(f_2) \cap \cdots \cap S(f_n) \quad (1.13)$$
$$P(f) = P(f_1) \cap P(f_2) \cap \cdots \cap P(f_n) \quad (1.14)$$

证 据数学归纳法,只需证明引理 1.15 对 $n = 2$ 成立. 于是可不妨设 $f = f_2(f_1)$.

首先,由置换多项式的定义及多项式合成运算的定义知, f 是模 m 的置换多项式当且仅当 f_1 和 f_2 均是模 m 的置换多项式. 由这个性质立即推出式(1.12) 和式(1.14) 成立.

其次,根据复合函数的求导运算知

$$f'(x) = f_2'(f_1(x)) \cdot f_1'(x)$$

16

于是

$$f'(x) \equiv 0 \pmod{p}$$

无解当且仅当

$$f_1'(x) \equiv 0 \pmod{p}$$
$$f_2'(y) \equiv 0 \pmod{p}$$

均无解. 这就是说 $f(x)$ 是模 p 的正则多项式当且仅当 $f_1(x)$, $f_2(x)$ 均为模 p 的正则多项式. 结合式 (1.14) 知式 (1.13) 成立.

设 H 是由线性多项式 $ax + b (a \neq 0)$, 方幂 $x^n (2 \nmid n, n > 1)$ 和迪克森多项式 $g_n(x,a) (a \neq 0, (n,6) = 1, n > 1)$ 所生成的多项式集 (运算是多项式的合成运算). 在这个运算下, H 显然作成一群. 又设 L 是由 H 中由线性多项式 $ax + b$ 和迪克森多项式 $g_n(x,a)$ 所生成的 H 的子群. 则有:

定理 1.16   如果 $f \in H$, 则 $P(f)$ 是无限集. 进一步, 在 $f \in H$ 的条件下, 还有 $S(f)$ 是无限集当且仅当 $f \in L$.

证   显然有

$$P(ax + b) = \{ p \mid a \not\equiv 0 \pmod{p} \}$$
$$P(x^n) = \{ p \mid (n, p - 1) = 1 \}$$

由定理 1.12 还有

$$P(g_n(x,a)) = \{ p \mid a \not\equiv 0 \pmod{p}, (n, p^2 - 1) = 1 \} \cup$$
$$\{ p \mid a \equiv 0 \pmod{p}, (n, p - 1) = 1 \}$$

如果 $n = r_1^{e_1} \cdots r_s^{e_s}$ 是 n 的标准分解式, 则

$$P(x^n) = \{ p \mid p \not\equiv 1 \pmod{r_i}, i = 1, \cdots, s \}$$
$$P(g_n(x,a)) = \{ p \mid a \not\equiv 0 \pmod{p}, p \not\equiv \pm 1 \pmod{r_i},$$
$$i = 1, \cdots, s \} \cup$$
$$\{ p \mid a \equiv 0 \pmod{p}, p \not\equiv 1 \pmod{r_i},$$

$$i = 1, \cdots, s\}$$

现设 $f \in H$. 则 f 是 $f_1, \cdots, f_t$ 的合成,其中 f_i 等于 $ax + b$,或者 $x^n(2 \nmid n)$,或者 $g_n(x, a)((n, 6) = 1, a \neq 0, n > 1)$. 又设 f 的次数 $\deg(f) = u_1^{e_1} \cdots u_s^{e_s} v_1^{d_1} \cdots v_r^{d_r}$ 是其标准分解式,其中每一 u_i 均整除某一形如 x^n 的 f_i 的次数,但不整除任一形如 $g_n(x, a)$ 的 f_i 的次数,v_i 是剩下的 $\deg(f)$ 的素因子. 记

$$\overline{P}(f) = \{p \mid p \not\equiv 1 \pmod{u_i} (i = 1, \cdots, s),$$
$$p \not\equiv \pm 1 \pmod{v_j} (j = 1, \cdots, r)\}$$

由前面关于集合 $P(f)$ 的讨论知,$P(f)$ 和 $\overline{P}(f)$ 仅差有限个素数,也就是说 $P(f)$ 可用 $\overline{P}(f)$ 经移去或加入有限个素数来得到. 由假设 $u_i \neq 2(i = 1, \cdots, s)$,$v_j \neq 2, 3(j = 1, \cdots, r)$. 因此 $\overline{P}(f)$ 的素数由模 $u_1 \cdots u_s v_1 \cdots v_r$ 的 $(u_1 - 1) \cdots (u_s - 1)(v_1 - 2) \cdots (v_r - 2)$ 个剩余类中的全体素数组成,其中正好有 $(u_1 - 2) \cdots (u_s - 2)(v_1 - 3) \cdots (v_r - 3)(> 0)$ 个剩余类与模 $u_1 \cdots u_s v_1 \cdots v_r$ 互素. 由算术级数的狄利克雷定理知,每一个这样的互素剩余类中都有无限个素数. 因此 $\overline{P}(f)$ 是无限集,从而 $P(f)$ 是无限集. 定理的前一部分得证.

现证后一部分. 因为当 $n > 1$ 时,$S(x^n) = \phi$(即空集). 故若 $f \in H - L$,由引理 1.15 有 $S(f) = \phi$,当然为有限集. 又若 $f \in L$,则 $f \in H$,因此 $P(f)$ 是无限的. 现只需证明 $P(f) - S(f)$ 为有限集. 由定义有

$$S(ax + b) = P(ax + b)$$

又从定理 1.12 得

$$S(g_n(x, a)) = \{p \mid a \not\equiv 0 \pmod{p}, (n, p(p^2 - 1)) = 1\}$$

18

$$= \{p \mid p \in P(g_n(x,a)),$$
$$a \not\equiv 0(\bmod p), p \nmid n\}$$

由这个式子看出 $P(f) - S(f)$ 是有限集,因此 $S(f)$ 是无限集.

至此定理全部证完.

定理 1.16 给出了使 $P(f)$ 是无限集的一类多项式. 那么是否还存在另外的多项式 $f(x)$ 使 $P(f)$ 也为无限集呢? 1923 年[40],舒尔提出了下述著名的猜想,即:

舒尔猜想 $P(f)$ 是无限集当且仅当 $f \in H$; $S(f)$ 是无限集当且仅当 $f \in L$.

如果这个猜想的前一部分成立,由定理 1.16 知该猜想的后一部分也成立. 因此只需证明猜想的前一部分成立.

1923 年[40],舒尔本人证明当 $\deg(f)$ 是素数时,上述猜想成立.

1928 年[42],威格纳证明 $\deg(f)$ 是奇素数幂或两个奇素数的积时,舒尔猜想成立.

1947 年[20],库尔巴托夫证明当 $\deg(f) = p_1 \cdots p_k$,p_i 是不同的奇素数,任一 p_i 不能表成其余 p_i 的非负整线性组合时,舒尔猜想成立.

1949 年[21],库尔巴托夫又证明当 $\deg(f)$ 是至多 4 个不同奇素数的积或两个不同奇素数的幂的积时,舒尔猜想成立.

1970 年[17],弗里德用黎曼曲面理论中的深入工具完全解决了舒尔猜想.

利用弗里德的深刻结果,可以得到很多有趣的推论. 例如,结合弗里德的结果和定理 1.16 的证明有下述两个推论.

推论 1.17 如果 $P(f)$ 是无限集,则 $S(f)$ 是空集或是无限集.

推论 1.18 若 $P(f)$ 是无限集,则 $P(f)$ 和下面的素数集 $\overline{P}$ 仅差有限个素数. 这里 $\overline{P}$ 的形式为

$$\overline{P} = \{p \mid p \equiv b (\bmod\ u_1 \cdots u_s v_1 \cdots v_r),$$
$$b \not\equiv \pm 1 (\bmod\ v_i), b \not\equiv 1 (\bmod\ u_j),$$
$$v_i \neq 2, 3, u_j \neq 2, u_j, v_i\ \text{为不同的素数}\}$$

利用弗里德的结果,还可证明下述达文波特和路易斯的定理,见[15].

定理 1.19 设 $f \in \mathbf{Z}[x]$. 如果 f 的次数 $\deg(f)$ 是偶数(> 0),则 $P(f)$ 是有限集.

证 用反证法. 假设 $P(f)$ 是无限集,则由弗里德的结果知 $f \in H$. 即 f 由 $f_1, \cdots, f_t$ 合成,其中 $f_i = ax + b, x^n (2 \nmid n, n > 1)$ 或迪克森多项式 $g_n(x, a)$ ($a \neq 0$, $(6, n) = 1, n > 1$),于是 $\deg(f_i)$ 全部是奇数. 从

$$\deg(f) = \deg(f_1) \cdot \deg(f_2) \cdot \cdots \cdot \deg(f_t)$$

得知 $\deg(f)$ 也为奇数,这与定理的假设矛盾.

弗里德的结果还可用来证明诺鲍尔的一个定理.

定理 1.20 设 S, T 是两个不相交的有限的素数集,则存在无限多个多项式 $f \in \mathbf{Z}[x]$ 使 $S(f) = S$, $T(f) = T$.

证 如果 $S \cup T$ 是空集. 取 $f(x) = 2x^{2n}$ 就行了. 现假设 $S \cup T$ 是非空集,q 是大于 $S \cup T$ 中所有素数的一个素数. 对 $S \cup T \cup \{q\}$ 中的每一素数 p,定义多项式

$$f_p(x) = \begin{cases} x, & \text{若}\ p \in S \\ x^{a_p}, & \text{若}\ p \in T \\ x^{2a}, & \text{若}\ p = q \end{cases}$$

其中，a_p 是与 $p(p-1)$ 互素的任一素数，a 是大于所有 $1+a_p$ 的任一整数. 由多项式环中的孙子定理知，存在一次数为 $2a$ 的整系数多项式 $f_0(x)$，使

$$f_0(x) \equiv f_p(x) \,(\mathrm{mod}\ p)$$

对所有 $p \in S \cup T \cup \{q\}$ 均成立. 从 $f_0(x)$ 的构造知，当 $p \in S$ 时，$p \in S(f_0)$；当 $p \in T$ 时，有 $p \in T(f_0)$. 因此 $S(f_0) \geqslant S, T(f_0) \geqslant T$，由达文波特 – 路易斯定理知 $P(f_0)$ 是有限的. 令 D 是 $P(f_0) - S \cup T$ 中所有素数的积，并设

$$f(x) = Df_0(x)$$

则有

$$S(f) = S, T(f) = T$$

因次数 $2a$ 可以取得任意大，故有次数任意大的多项式 $f(x)$ 满足定理的要求.

置换多项式的应用举例

置换多项式有许多应用. 本节只介绍置换多项式在公钥密码和一致分布中的应用. 在这里,可看出迪克森多项式的重要性.

1.密码系统简介

大家知道,密码通讯在许多部门都起着极为重要的作用,那么密码通讯究竟是以什么方式进行的呢？本节就是以简单的例子来说明密码通讯的基本原理.

通讯就是发送或接收信息. 在发送信息时,需要先将被发送的信息转换成数字. 例如,在英文里共有26个字母,可以设 $a = 0, b = 1, c = 2, \cdots, x = 23, y = 24, z = 25$. 这样,信息(可用语言表示)便可被转换成一组相应的数字. 在实际过程中,可能还要使用空格、标点符号及其他一些符号,这时可

第 2 章

将上述字母与数字的对应关系继续扩大,如可以设
"空格" = 26,标点 ", " = 27,标点 " ? " = 28, ……. 为简
单起见,我们只讨论由 26 个英文字母组成的信息.

　　上面已指出,信息可看成是一组数字,因此对信息
加密的问题就化为对数字编码的问题.

　　最简单的编码方法是将 26 个字母放在圆周上,每
一个字母经编码后变成它后面的一个字母. 用对应的
数字来说,编码就是同余式

$$C \equiv P + 1 (\mathrm{mod}\ 26), 0 \leqslant C \leqslant 25 \qquad (2.1)$$

其中 P 对应于要发送的字母, C 对应于编码后的字母.

　　例如,假设要发送的信息是

$$secret$$

首先将这几个字母转换成对应的数字得到

$$18 \quad 4 \quad 2 \quad 17 \quad 4 \quad 19$$

用式(2.1) 编码后得

$$19 \quad 5 \quad 3 \quad 18 \quad 5 \quad 20$$

再转换成对应的字母得

$$tfdsfu$$

这就是信息 "$secret$" 的密文.

　　当发送的信息是很长一串字母时,可将该串分成
若干段进行.

　　注意,知道了编码过程(2.1),也就知道了解码过
程. 事实上,式(2.1) 得

$$P \equiv C - 1 (\mathrm{mod}\ 26) \qquad (2.2)$$

因此一旦收到了一组从式(2.1) 加密后的密文,用式
(2.2) 就可解开这个密码.

　　上述例子只是非常简单的一个情形. 在实际的密
码通讯系统中,要复杂得多. 尽管如此,密码系统的基

本原理均可概述如下：

假设发送信息的一方为 S，接收信息的一方为 R，收方有解密密钥 D_R，发方有加密密钥 E_R. 这两个密钥是互逆的，即有

$$D_R \cdot E_R = E_R \cdot D_R = 1$$

假设要发送一个秘密信息 M. 发方 S 将 M 用 E_R 加密得到 $E_R(M)$，然后将此密文发出. 收方 R 收到密文 $E_R(M)$ 后，用解密密钥 D_R 于密文 $E_R(M)$ 上即得

$$D_R \cdot (E_R(M)) = D_R \cdot E_R(M) = M$$

这样就获得了原始信息 M.

在传统的保密系统中，只要知道一个密钥，另一个密钥就可很容易地导出来. 因此，为使发送的密码信息不被第三者破译，必须严格保密两个密钥 D_R, E_R. 这样，由于每两方都有一对保密的密钥，当系统中用户较多时，密钥数量就很大，难以分配和管理. 为避免这一缺陷，1978 年[39]，里夫斯特、沙米尔、阿德莱曼构造出一种新的保密系统. 在这种系统中，由于从加密密钥 E_R 几乎不能导出解密密钥 D_R，因此，加密密钥 E_R 都是公开的，这种非常重要的系统称为 RSA 系统.

在 RSA 系统中，其工作原理如下：系统中的每一方均有一对互逆的密钥 (E_R, D_R)，其中仅有解密密钥是保密的. 加密密钥 E_R 全部被收集在一个密码薄内，供系统中的任何一方查阅. 假设发方 S 要把信息 M 发给收方 R. S 先在密码薄内查出 R 方的加密密钥 E_R，用 E_R 加密 M 得到 $E_R(M)$，然后将密文 $E_R(M)$ 发给收方 R. R 收到 $E_R(M)$ 后，用自己的解密密钥 D_R 于密文 $E_R(M)$ 上得

$$D_R \cdot (E_R(M)) = D_R \cdot E_R(M) = M$$

即获得了发方 S 的原始信息. 因为从 E_R 几乎不可能导出 D_R, 故第三者无法破译密文 $E_R(M)$. 这就保证了 RSA 系统的可行性.

在下面两节中, 将说明如何用置换多项式来构造 RSA 系统. 从这种观点出发, 可以看出置换多项式是研究 RSA 系统的构造的一个理想工具.

2. 迪克森多项式与 RSA 系统

在 RSA 系统中, 加密密钥 E_R 相当于一个数集 A 的置换, 而解密密钥 D_R 则相当于置换 E_R 的逆置换. 当 A 是剩余类环 $\mathbf{Z}/(m)$ 时, 这些置换可取为模 m 的置换多项式. 里夫斯特、沙米尔和阿德莱曼所取的模 m 的置换多项式为 x^k, $(k, \varphi(m)) = 1$. $m = pq$, p, q 是不同的大素数. 设 k_1 是一正整数, 满足

$$kk_1 \equiv 1 (\bmod \varphi(m))$$

则当 $(M, m) = 1$ 时, 有

$$(M^k)^{k_1} = M^{kk_1} \equiv M (\bmod m) \qquad (2.3)$$

因 $m = pq$ 无平方因子, 当 $(M, m) > 1$ 时式 (2.3) 仍然成立. 这样可取加密密钥为 x^k, 解密密钥为 x^{k_1}. 在这个系统中, 只有 k 和 m 是公开的. 要求得解密密钥, 即求出 k_1, 必须先求出

$$\varphi(m) = (p - 1)(q - 1) = m - p - q + 1$$

但是 p, q 只能从分解 m 才能得到. 由于 p, q 是保密的大素数, 要分解 $m = pq$ 几乎是不可能的. 正是分解大整数的困难性保证了 RSA 系统的可靠性.

多项式簇 $\{x^k \mid k = 1, 2, \cdots\}$ 有下面一些性质:

（i）在多项式的合成运算下, $\{x^k\}$ 作成一个阿贝尔群 (即交换群)

25

$$x^k \circ x^l = x^{kl} = x^l \circ x^k$$

（ii）对每一正整数 k，$(k, \varphi(m)) = 1$，存在正整数 k_1，使得 $x^k \circ x^{k_1} = x^{k_1} \circ x^k$ 是模 m 的单位置换多项式，即该置换多项式可等价地化为 x（单位置换多项式）.

（iii）给定一个正整数 k，满足 $(k, \varphi(m)) = 1$，很难求得 k_1 使 $x^k \circ x^{k_1} = x^{kk_1}$ 是模 m 的单位置换多项式.

上述三个性质保证了多项式簇 $\{x^k \mid k = 1, 2, \cdots\}$ 能够构造出一个 RSA 系统.

注意，多项式簇 $\{x^k \mid k = 1, 2, \cdots\}$ 正是当 $a = 0$ 时的迪克森多项式簇 $\{g_k(x, a) \mid k = 1, 2, \cdots\}$. 米勒和诺鲍尔[32] 于是建议用迪克森多项式簇 $P(a) = \{g_k(x, a) \mid k = 1, 2, \cdots\}$ $(a = \pm 1)$ 来代替多项式簇 $\{x^k\} = \{g_k(x, 0)\}$，以构造一种新的 RSA 系统.

在第 1 章的第 3 节中，定义了迪克森多项式为

$$g_k(x, a) = \sum_{i=0}^{\left[\frac{k}{2}\right]} \frac{k}{k-i} \binom{k-i}{i} (-a)^i x^{k-2i}$$

在那里已经证明，当 $a = \pm 1$ 时，多项式簇 $\{g_k(x, a)\}$ 作成一阿贝尔群，且满足

$$g_k(x, a) \circ g_n(x, a) = g_{kn}(x, a)$$

即条件（i）满足.

当 $a = 1$ 时，$g_k(x, 1) = g_k$ 的递归关系为

$$g_{k+2} - x g_{k+1} + g_k = 0, \quad g_0 = 2, \quad g_1 = x$$

因此，g_k 可用上述递归关系来计算.

如果 $m = pq, p, q$ 是不同的素数，则第 1 章的第 3 节已证明，$g_k(x, a)$ 是模 m 的置换多项式当且仅当

$$(k, (p^2 - 1)(q^2 - 1)) = 1$$

进一步，劳斯基、米勒和诺鲍尔[23] 证明 $g_{k_1}(x, a)$ 是

$g_k(x,a)$ 的逆当且仅当

$$kk_1 \equiv 1(\mathrm{mod}(p^2 - 1)(q^2 - 1)) \qquad (2.4)$$

即条件(ⅱ)满足.

从式(2.4)看出,如果仅知道 k 和 m,要求出 k_1 几乎是不可能的,因为仍然要分解大整数,因此条件(ⅲ)也成立.

这样,和多项式簇 $\{x^k\} = \{g_k(x,0)\}$ 一样,迪克森多项式簇 $\{g_k(x,1)\}$ 和 $\{g_k(x,-1)\}$ 也可用来构造新的 RSA 的系统.

利用劳斯基和诺鲍尔关于置换链的一个结果,可以证明,三类迪克森多项式簇 $\{g_k(x,a)\}(a = 0, \pm 1)$ 在本质上给出了所有满足下列条件的多项式类:

(ⅰ)对任何正整数 k,在这个类中存在一次数为 k 的多项式.

(ⅱ)该类中的任何两个多项式在合成运算下是可换的,即 $f(g) = g(f)$ 成立.

这样,由构造 RSA 系统的多项式类所具有的性质知,三类迪克森多项式 $\{g_k(x,a)\}(a = 0, \pm 1)$ 在某种意义上给出了所有构造 RSA 系统的多项式类.

上述 RSA 系统的构造方法可推广到多变元的多项式类上,这时多变元迪克森多项式仍起着决定性的作用.

3. 置换有理函数与 RSA 系统

前节中考虑了由置换多项式构造的 RSA 系统. 作为置换多项式的进一步应用,本节再考虑由更广泛一些的置换有理函数所构造的 RSA 系统.

设 $r(x) = \dfrac{g(x)}{h(x)}$ 是两个整系数多项式的商,其中 g,

h 在 $\mathbf{Z}[x]$ 中是互素的多项式. 如果对任何 $b \in \mathbf{Z}$ 有 $(h(b),m)=1$,并且映射

$$\pi:\mathbf{Z}/(m) \to \mathbf{Z}/(m)$$

$$\pi(b)=h(b)^{-1}g(b)$$

是模 m 的一个置换,则称 $r(x)$ 为模 m 的置换有理函数. 这个概念是置换多项式的推广. 多项式 $g(x)$ 是模 m 的置换多项式当且仅当 $g(x)/1$ 是模 m 的置换有理函数. 如果 $m=m_1 m_2,(m_1,m_2)=1$,则易证 $r(x)$ 是模 m 的置换有理函数当且仅当 $r(x)$ 是模 m_1 和模 m_2 的置换有理函数.

1946 年[38],里德研究了有限域上由某些有理函数 $r_n(x)$ 导出的置换,这些函数可用来构造新的 RSA 系统.

设 $a \neq 0$ 是一非平方整数

$$\left(\frac{a}{p}\right)=-1,\quad \left(\frac{a}{q}\right)=-1$$

这里 p,q 是不同的奇素数. 令

$$(x+\sqrt{a})^n = g_n(x)+h_n(x)\sqrt{a}$$

其中 $g_n(x),h_n(x)$ 是 $\mathbf{Z}$ 上多项式,$g_n(x),h_n(x)$ 可表示如下

$$g_n(x)=\sum_{i=0}^{\left[\frac{n}{2}\right]}\binom{n}{2i}a^i x^{n-2i}$$

$$h_n(x)=\sum_{i=0}^{\left[\frac{n}{2}\right]}\binom{n}{2i+1}a^i x^{n-2i-1}$$

里德定义有理函数

$$f_n(x)=\frac{g_n(x)}{h_n(x)}$$

并证明如果素数 $p \neq 2, 2 \nmid n, (n, p+1) = 1, p \nmid n$，则 $f_n(x)$ 是模 p 的置换有理函数.

易见, $f_n(x)$ 满足

$$\left(\frac{x + \sqrt{a}}{x - \sqrt{a}}\right)^n = \frac{f_n(x) + \sqrt{a}}{f_n(x) - \sqrt{a}}$$

由此可得

$$\frac{f_{kn}(x) + \sqrt{a}}{f_{kn}(x) - \sqrt{a}} = \frac{f_k(f_n(x)) + \sqrt{a}}{f_k(f_n(x)) - \sqrt{a}}$$

因此有

$$f_k(f_n(x)) = f_{kn}(x) = f_n(f_k(x))$$

这是构造 RSA 系统所需的一个最基本性质.

可以证明映射

$$\pi_k : \mathbf{Z}/(p) \to \mathbf{Z}/(p), \pi_k(b) = f_k(b)$$

满足 $\pi_k = \pi_n$ 当且仅当 $k \equiv n(\mathrm{mod}(p+1))$. 注意 $f_1(x) = x, \pi_1 = \varepsilon$(单位映射),这样,不难证明在 $\mathbf{Z}/(p)$ 上有:

引理2.1　在 $\mathbf{Z}/(p)$ 上有 $f_k(f_n(x)) = f_n(f_k(x)) = f_1(x) = x$ 当且仅当

$$kn \equiv 1(\mathrm{mod}(p+1)) \qquad (2.5)$$

综合上述结果,可以看出, $f_n(x)$ 可用来构造新的 RSA 系统.

设 $m = pq, p, q$ 是不同的大素数, p, q 是保密的. 设 n 是正的奇整数,满足

$$p \nmid n, q \nmid n, (n, p+1) = (n, q+1) = 1$$

取 a 是一非平方整数满足

$$\left(\frac{a}{p}\right) = \left(\frac{a}{q}\right) = -1$$

则 $f_n(x)$ 是模 m 的一个置换有理函数. 构造加密密钥

$$E_R = f_n(x) \pmod{m} \qquad (2.6)$$

解密密钥

$$D_R = f_k(x) \pmod{m} \qquad (2.7)$$

其中 k 满足

$$nk \equiv 1 \pmod{(p+1, q+1)}$$

这样就构造了一个密码系统. 同样, 在不知道 m 的因子 p, q 的情况下, 从加密密钥(2.6)几乎不可能求出解密密钥(2.7). 因此上面构造的密码系统是一种 RSA 系统.

1965 年, 诺鲍尔证明, 除开 a 的无平方因子部分是 3 且 $3 \mid n$ 外, 存在无限多个素数 p, q 满足

$$(p+1, n) = (q+1, n) = 1$$

$$\left(\frac{a}{p}\right) = \left(\frac{a}{q}\right) = -1$$

其中 n 是奇数, a 是非平方数. 这个结果表明用置换有理函数构造 RSA 系统也是很有意义的.

4. 置换多项式与一致分布

本节介绍置换多项式对剩余类环上序列的一致分布的应用.

设 m 是一正整数, $\{a_n\}$ 是一整数序列. 定义 $\{a_n\}$ 关于模 m 的分布函数为

$$F_m(k) = \lim_{x \to \infty} \frac{1}{x} \left| \{a_n \mid n \leqslant x, a_n \equiv k \pmod{m}\} \right|$$

也就是说, $F_m(k)$ 是序列 $\{a_n\}$ 中满足 $n \leqslant x, a_n \equiv k \pmod{m}$ 的 a_n 的个数. 如果 $F_m(k)$ 是一有限的常数, 即

$$F_m(1) = F_m(2) = \cdots = F_m(m)$$

从

$$\sum_{i=1}^{m} F_m(i) = \lim_{x \to \infty} \frac{1}{x} \mid \{a_n \mid n \leqslant x\} \mid = 1$$

得

$$F_m(1) = F_m(2) = \cdots = F_m(m) = \frac{1}{m}$$

此时称序列模 m 是一致分布的. 一致分布是数论的一个重要课题.

如果序列 $\{a_n\}$ 满足：

(i) $\{a_n \mid (a_n, m) = 1\}$ 是无限集.

(ii) 对 $1 \leqslant j \leqslant m, (j, m) = 1$, 恒有

$$F_m^*(j) = \lim_{x \to \infty} \frac{\mid \{a_n \mid n \leqslant x, a_n \equiv j \pmod{m}\} \mid}{\mid \{a_n \mid n \leqslant x, (a_n, m) = 1\} \mid} = \frac{1}{\varphi(m)}$$

则称序列 $\{a_n\}$ 模 m 是弱一致分布的.

在数论里，主要考虑算术函数 $\{f(n)\}$ 作成的序列的一致分布. 在这里，我们考虑当 $f(x)$ 是一整系数多项式时，序列 $\{f(n)\}$ 的一致分布情况.

定理 2.2　设 $f(x) \in \mathbf{Z}[x], m = \prod_{i=1}^{k} p_i^{q_i}$ 是 m 的标准分解式.

(i) 序列 $\{f(n) \mid n = 1, 2, \cdots\}$ 是模 m 的一致分布序列当且仅当多项式 $f(x)$ 是模 m 的置换多项式.

(ii) 序列 $\{f(n) \mid n = 1, 2, \cdots\}$ 是模 m 的弱一致分布序列当且仅当多项式 $f(x)$ 是模 $p_i(i = 1, \cdots, k)$ 的正则置换多项式.

证　(i) 因为 $f(x)$ 是一整系数多项式，故有 $f(n) \equiv f(n + m) \pmod{m}$ 对任何正整数 n 成立. 于是 $\{f(n)\}$ 是一个周期序列(在模 m 的意义下)，且 m 是一个周期. 利用这个事实得出，对 $1 \leqslant k \leqslant m$ 有

$$F_m(k) = \lim_{x \to \infty} \frac{1}{x} \left| \{f(n) \mid 1 \leqslant n \leqslant x, \right.$$

$$\left. f(n) \equiv k(\bmod m)\} \right|$$

$$= \lim_{x \to \infty} \frac{1}{x} \left| \{f(n) \mid 1 \leqslant n \leqslant m\left[\frac{x}{m}\right], \right.$$

$$\left. f(n) \equiv k(\bmod m)\} \right| +$$

$$\lim_{x \to \infty} \frac{1}{x} \left| \{f(n) \mid m\left[\frac{x}{m}\right] \leqslant n \leqslant x, \right.$$

$$\left. f(n) \equiv k(\bmod m)\} \right|$$

$$= \lim_{x \to \infty} \frac{1}{x}\left[\frac{x}{m}\right] \left| \{f(n) \mid 1 \leqslant n \leqslant m, \right.$$

$$\left. f(n) \equiv k(\bmod m)\} \right|$$

$$= \frac{1}{m} \left| \{f(n) \mid 1 \leqslant n \leqslant m, \right.$$

$$\left. f(n) \equiv k(\bmod m)\} \right|$$

于是 $\{f(n)\}$ 是模 m 的一致分布序列当且仅当对所有 $1 \leqslant k \leqslant m$ 有

$$\left| \{f(n) \mid 1 \leqslant n \leqslant m, f(n) \equiv k(\bmod m)\} \right| = 1$$

即 $f(x)$ 是模 m 的置换多项式. (i) 得证.

对于(ii),我们仅指出其证明思路,详细证明可参看纳克维兹[33]. 首先证明若 $(m_1, m_2) = 1$,则 $\{f(n)\}$ 是模 m 的弱一致分布当且仅当 $\{f(n)\}$ 是模 m_1 和模 m_2 的弱一致分布. 然后用类似于定理 1.5 的证明方法证明 $\{f(n)\}$ 是模 p^k 的弱一致分布当且仅当 $f(x)$ 是模 p 的正则置换多项式.

定理 2.2 说明多项式模 m 的一致分布和弱一致分布已完全化为模 p 的置换多项式及正则置换多项式. 因此,剩余类环上的置换多项式亦可当做一致分布论的一个分支.

32

对给定的算术函数 $\{f(n)\}$，定义两个量 $M(f)$ 和 $M^*(f)$ 如下

$M(f) = \{m \mid \{f(n)\}$ 是模 m 的一致分布$\}$

$M^*(f) = \{m \mid \{f(n)\}$ 是模 m 的弱一致分布$\}$

当 f 是多项式时，易见 $M(f)$ 就是第 1 章中介绍的置换谱，而

$$M^*(f) = \{p_1^{a_1} \cdots p_s^{a_s} \mid p_i \in S(f), a_j \geq 1\}$$

在一致分布论中，决定 $M(f)$ 和 $M^*(f)$ 是一重要的问题. 泽门有下述重要结果：

定理 2.3　设 M 是由正整数组成的一个集，则存在一个函数 f 使 $M(f) = M$ 当且仅当 M 具有下述性质："如果 $n \in M, d \mid n$，则 $d \in M$".

定理 2.3 刻画出了形如 $M(f)$ 这种数集的性质. 对应于 $M^*(f)$，是否有类似的结果呢？ 这是一个没有解决的问题. 与此相关有下述：

猜想　设 M^* 是由正整数组成的一个集，则存在一个函数 f 使 $M^*(f) = M^*$ 当且仅当 M^* 具有下述性质："如果 $n \in M^*, d \mid n, d$ 被 n 的所有素因子整除，则 $d \in M^*$".

当 $d \mid m, d$ 被 m 的所有素因子整除时，有公式 $\dfrac{m}{d}\varphi(d) = \varphi(m)$. 于是对 $1 \leq j \leq d$, $(j,d) = 1$ 有 $(j,m) = 1$ 且（令 $f(k) = a_k$）

$$F_d^*(j) = \lim_{x \to \infty} \frac{\left|\{a_k \mid k \leq x, a_k \equiv j \pmod{d}\}\right|}{\left|\{a_k \mid k \leq x, (a_k, d) = 1\}\right|}$$

$$= \lim_{x \to \infty} \frac{\displaystyle\sum_{i=0}^{\frac{m}{d}-1} \left|\{a_k \mid k \leq x, a_k \equiv j + di \pmod{m}\}\right|}{\left|\{a_k \mid k \leq x, (a_k, m) = 1\}\right|}$$

$$= \sum_{i=0}^{\frac{m}{d}-1} \lim_{x \to \infty} \frac{| \{a_k \mid k \leqslant x, a_k \equiv j + di (\mathrm{mod}\ m)\} |}{| \{a_k \mid k \leqslant x, (a_k, m) = 1\} |}$$

$$= \sum_{i=0}^{\frac{m}{d}-1} F_m^*(j + di) \qquad\qquad (2.8)$$

如果 $\{a_k\}$ 是模 m 的弱一致分布序列,则有

$$F_m^*(j + di) = \frac{1}{\varphi(m)}$$

再由式(2.8)得

$$F_d^*(j) = \frac{m}{d} \cdot \frac{1}{\varphi(m)} = \frac{1}{\varphi(d)}$$

因此 $\{a_k\}$ 也是模 d 的弱一致分布序列,这就证明了上述猜想的必要性成立.

对充分性,猜想是一个困难的问题. 到目前为止,最好的结果是由罗索丘维兹女士证明的. 她证明,当 M^* 不含偶数时,上述猜想成立.

有限域上的置换多项式

在第 1 章里，我们已看出剩余类环 $\mathbf{Z}/(m)$ 的置换多项式被归结为有限素域 F_p 的置换多项式. 作为一个推广，本章讨论任意有限域 F_q 的置换多项式. 前两节介绍置换多项式的判别与构造. 第 3 节考虑置换多项式在合成运算下生成的群. 第 4 节应用有限域上方程的理论来研究置换多项式. 最后，第 5 节介绍置换多项式的一个新兴方面 —— 完全映射.

1. 置换多项式的判别

在本章里，我们总设 F_q 是 q 个元的有限域，其中 $q = p^k$，p 是一个素数.

设 $f(x) \in F_q[x]$. 如果 $f: c \to f(c)$ 是 F_q 到 F_q 的一一映射（即导出 F_q 的一个置换），则称 $f(x)$ 是 F_q 的置换多项式.

因为 F_q 仅有有限个元,类似于引理 1.6 不难看出置换多项式可以有下述几个等价的定义.

引理 3.1 设 $f \in F_q[x]$. 则 f 是 F_q 的置换多项式当且仅当以下条件之一成立:

(i) 函数 $f: c \to f(c)$ 是单射.

(ii) 函数 $f: c \to f(c)$ 是满射.

(iii) 对任何 $a \in F_q$, $f(x) = a$ 在 F_q 中有解.

(iv) 对任何 $a \in F_q$, $f(x) = a$ 在 F_q 中有唯一解.

类似于第 1 章,有限域 F_q 到自身的任一函数均可由某一次数小于 q 的多项式表出. 事实上,设 $\phi(x)$ 是 F_q 到 F_q 的任一函数,令

$$g(x) = \sum_{c \in F_q} \phi(c)(1 - (x - c)^{q-1}) \qquad (3.1)$$

容易验证,$g(c) = \phi(c)$ 对所有 $c \in F_q$ 成立,且 $\deg(g(x)) < q$. 因此,研究表明 F_q 的全部元的函数归结为研究 F_q 的置换多项式. 这是很多其他环所不具有的性质.

由 $F_q[x]$ 中的欧几里得辗转相除法得:

引理 3.2 设 $f, g \in F_q[x]$. 则 $f(c) = g(c)$ 对所有 $c \in F_q$ 均成立当且仅当 $f(x) \equiv g(x) (\mathrm{mod}(x^q - x))$.

利用这个引理及欧几里得算法得到,$F_q[x]$ 中任一多项式 $f(x)$ 模 $x^q - x$ 后均可化为一个次数小于 q 的 $F_q[x]$ 中的多项式 $g(x)$,且这种 $g(x)$ 是唯一确定的. 这个确定的 $g(x)$ 称为 $f(x)$ 的简化多项式,而 $\deg(g(x))$ 称为 $f(x)$ 的简化次数.

现在我们来证明埃尔米特在 1863 年证明的判别法则.

定理 3.3 设 F_q 的特征为 p, $f(x) \in F_q[x]$,则 f

是 F_q 的置换多项式当且仅当下面两个条件成立：

（i）f 在 F_q 中恰有一个零点.

（ii）对每一整数 $t,1 \leq t \leq q-2$，都有 $f^t(x)$ 模 x^q-x 的简化次数不超过 $q-2$.

证　设 $N(a)$ 表示 $f(x)=a$ 在 F_q 中的解数，则 f 是 F_q 的置换多项式 $\Leftrightarrow N(a)=1$ 对所有 $a \in F_q$ 成立 $\Leftrightarrow N(a) \equiv 1(\bmod\,p)$ 对所有 $a \in F_q$ 均成立（由 $N(a) \equiv 1(\bmod\,p)$ 推出 $N(a)>0$，故 $N(a)=1$，对所有的 $a \in F_q$）.

假设

$$f^t(x) \equiv \sum_{i=0}^{q-1} b_i^{(t)} x^i (\bmod(x^q-x)), 0 \leq t \leq q-1$$

则因

$$\sum_{x \in F_q} x^i = \begin{cases} 0, & 0 \leq i \leq q-2 \\ -1, & i=q-1 \end{cases}$$

得

$$\begin{aligned}
\sum_{c \in F_q} f^t(c) &= \sum_{i=0}^{q-1} b_i^{(t)} \sum_{c \in F_q} c^q \\
&= b_{q-1}^{(t)} \sum_{c \in F_q} c^{q-1} \\
&= -b_{q-1}^{(t)} \quad (0 \leq t \leq q-1)
\end{aligned}$$

我们考虑 $N(a)$ 的值如下

$$\begin{aligned}
N(a) &\equiv \sum_{c \in F_q} (1 - (f(c)-a)^{q-1})(\bmod\,p) \\
&\equiv -\sum_{c \in F_q} (f(c)-a)^{q-1}(\bmod\,p) \\
&\equiv -\sum_{c \in F_q} \sum_{t=0}^{q-1} \binom{q-1}{t} f(c)^t (-a)^{q-1-t}(\bmod\,p) \\
&\equiv \sum_{t=0}^{q-1} \binom{q-1}{t} b_{q-1}^{(t)} (-a)^{q-1-t}(\bmod\,p)
\end{aligned}$$

$$\equiv b_{q-1}^{(q-1)} + \sum_{t=0}^{q-2} \binom{q-1}{t} b_{q-1}^{(t)} (-a)^{q-1-t} \pmod{p}$$

$$(3.2)$$

如果条件（i）成立，则 $\sum_{c \in F_q} f(c)^{q-1} = -1$，即有 $b_{q-1}^{(q-1)} = 1$. 如果还有（ii）成立，则 $b_{q-1}^{(t)} = 0 (0 \leqslant t \leqslant q-2)$. 将这些结果代入式（3.2）得 $N(a) \equiv 1 \pmod{p}$ 对所有 $a \in F_q$ 均成立. 因此，$f(x)$ 是 F_q 的置换多项式.

反之，因 $f(x)$ 是置换多项式，（i）当然成立. 又 $N(a) \equiv 1 \pmod{p}$ 恒成立，故由式（3.2）得

$$\sum_{t=0}^{q-2} \binom{q-1}{t} b_{q-1}^{(t)} (-a)^{q-1-t} + b_{q-1}^{(q-1)} - 1 = 0$$

$$(3.3)$$

对所有 $a \in F_q$ 均成立. 式（3.3）左端是一个次数小于 $q-1$ 的，以 a 为变元的多项式，该多项式必须恒为零，即有

$$b_{q-1} = 1, \binom{q-1}{t} b_{q-1}^{(t)} = 0 \quad (0 \leqslant t \leqslant q-2)$$

根据卢卡斯引理，$\binom{q-1}{t} \not\equiv 0 \pmod{p}$ 对 $0 \leqslant t \leqslant q-1$ 均成立，故得

$$b_{q-1}^{(t)} = 0 \quad (0 \leqslant t \leqslant q-2)$$

这就证明了条件（ii）成立.

定理至此全部证完.

推论3.4 设 $d > 1, d \mid (q-1)$. 则不存在次数为 d 的 F_q 的置换多项式.

证 设 $f(x)$ 的次数为 $d, d > 1, d \mid (q-1)$，只需取 $t = \dfrac{q-1}{d}$，故 $f^t(x)$ 的简化次数为 $q-1$，由定理3.3

38

便知.

定理 3.3 还可改述为:

定理 3.5　设 F_q 的特征为 p, $f \in F_q(x)$, 则 f 是 F_q 的置换多项式当且仅当下面两个条件成立:

(i) $f(x)^{q-1}$ 的简化次数是 $q-1$.

(ii) $f(x)^t(1 \leqslant t \leqslant q-2)$ 的简化次数不超过 $q-2$.

证　若 $f(x)$ 是 F_q 的置换多项式, 则在定理 3.3 的最后一部分证明中已得出 $b_{q-1}^{(q-1)} = 1 \neq 0$, $b_{q-1}^{(t)}(1 \leqslant t \leqslant q-2) = 0$. 这就表明条件 (i), (ii) 成立.

反过来, 若 $b_{q-1}^{(q-1)} \neq 0$, $b_{q-1}^{(t)} = 0 (1 \leqslant t \leqslant q-2)$. 因 $b_{q-1}^{(0)}$ 总是零. 代入式 (3.2) 得出

$$N(a) \equiv b_{q-1}^{(q-1)} \not\equiv 0 (\bmod p)$$

对所有 $a \in F_q$ 均成立. 即 $f(x) = a$ 在 F_q 中总有解, 由引理 3.1 立得定理.

类似于定理 1.4, 可以证明:

设特征 p 为奇数. 若 f, g 均是 F_q 的置换多项式, 则 fg 不是 F_q 的置换多项式.

当特征 $p = 2$ 时, 定理 3.6 不成立. 例如取 $f = g = x^2$, 则 f, g, fg 均为 F_{2^k} 的置换多项式. 于是, 自然地提出下述问题.

问题　若 f, g 是 F_{2^k} 的置换多项式. 在什么条件下 fg 也是 F_{2^k} 的置换多项式?

孙琦、旷京华[7] 曾经证明: 设 K 是一个 n 次代数数域, A 是 K 上的一个理想, $N(A)$ 代表模 A 剩余类的个数, $A \neq P_1 \cdots P_f$, 这里 P_j 是不同素理想 $(j = 1, \cdots, f)$, 如果 $\alpha_1, \cdots, \alpha_{N(A)}$ 和 $\beta_1, \cdots, \beta_{N(A)}$ 分别是 A 的两个完全剩余系, 则 $\alpha_1 \beta_1, \cdots, \alpha_{N(A)} \beta_{N(A)}$ 不是 A 的完全剩余系.

2. 置换多项式的构造

由于在判别任意一个多项式是否是置换多项式时,没有有效的一般方法,因此,考虑特殊形状的置换多项式就显得更有意义. 本节的目的就在于介绍这方面的结果.

最简单的情形是:

定理 3.6 (i) F_q 上每一个线性多项式 $ax + b$ ($a \neq 0$) 是 F_q 的置换多项式.

(ii) 单项式 x^n 是 F_q 的置换多项式当且仅当 $(n, q - 1) = 1$.

证 (i) 显然成立. (ii) 由有限域的结构立得.

定理 3.7 设 F_q 的特征为 p,则 p - 多项式

$$L(x) = \sum_{i=0}^{m} a_i x^{p^i} \in F_q[x]$$

是 F_q 的置换多项式当且仅当 $L(x)$ 在 F_q 中只有唯一解 $x = 0$.

证 因 $(x + y)^p = x^p + y^p$ 在有限域中成立,故 $L(x) = L(y)$ 当且仅当 $L(x - y) = 0$. 由此看出,$L(x)$ 是 F_q 的置换多项式当且仅当 $L(x)$ 在 F_q 中仅有一根,即 $x = 0$($x = 0$ 显然是 $L(x)$ 的一个根).

完全类似于定理 1.10 有:

定理 3.8 设 r 是正整数,$(r, q - 1) = 1$,s 是 $q - 1$ 的正因子. 再设 $g(x) \in F_q[x]$ 使得 $g(x^s)$ 在 F_q 中无非零根,则 $f(x) = x^r g(x^s)^{\frac{q-1}{s}}$ 是 F_q 的置换多项式.

定理 1.12 可推广到有限域的情形,即

定理 3.9 设 $a \in F_q^*$. 则迪克森多项式

$$g_k(x,a) = \sum_{i=0}^{\left[\frac{k}{2}\right]} \frac{k}{k-j}\binom{k-j}{j}(-a)^j x^{k-2j}$$

是 F_q 的置换多项式当且仅当 $(k,q^2-1)=1$, 进一步, $g_k(x,a)$ 是 F_q 的正则置换多项式当且仅当有

$$(k,p(q^2-1))=1$$

　　设 $f \in F_q[x]$, $b,c,d \in F_q$, $c \neq 0$. 易见 f 是 F_q 的置换多项式当且仅当 $f_1(x)=cf(x+b)+d$ 是 F_q 的置换多项式. 适当选取 b,c,d 可使 f_1 成为标准形, 即满足 $f_1(0)=0$, f_1 是首 1 的, 且当特征 p 不整除 f 的次数 n 时, f_1 的 x^{n-1} 的系数为 0. 这样, 只需研究标准形状的置换多项式. 利用埃尔米特准则, 迪克森决定了所有次数不超过 5 的标准形置换多项式, 见下表. 迪克森也决定了当 q 为奇数时, F_q 的所有次数为 6 的标准形置换多项式. 当次数大于 6 时, 只有一些零碎的结果, 没有比较完全的标准形置换多项式表.

次数不超过 5 的标准形置换多项式表

F_q 的标准形置换多项式	q 值
x	任何 q
x^2	$q \equiv 0(\bmod 2)$
x^3	$q \not\equiv 1(\bmod 3)$
$x^3 - ax(a \text{ 非平方})$	$q \equiv 0(\bmod 3)$
$x^4 \pm 3x$	$q = 7$
$x^4 + a_1 x^2 + a_2 x(\text{且 } x = 0 \text{ 是其唯一根})$	$q \equiv 0(\bmod 2)$
x^5	$q \not\equiv 1(\bmod 5)$
$x^5 - ax(a \text{ 非四次方})$	$q \equiv 0(\bmod 5)$
$x^5 + ax(a^2 = 2)$	$q = 9$
$x^5 \pm 2x$	$q = 7$
$x^5 + ax^3 \pm x^2 + 3a^2 x(a \text{ 非平方})$	$q = 7$
$x^5 + ax^3 + 5^{-1}a^2 x$	$q \equiv \pm 2(\bmod 5)$
$x^5 + ax^3 + 3a^2 x(a \text{ 非平方})$	$q = 13$
$x^5 - 2ax^3 + a^2 x(a \text{ 非平方})$	$q \equiv 0(\bmod 5)$

41

下面讨论由二项式构成的置换多项式问题.

定理 3.10 设 $q \equiv 1(\bmod 2)$，$f(x) = x^{\frac{q-1}{2}+m} + ax^m \in F_q[x]$，$m$ 是正整数，则有：

（i）当 $(m, q-1) = 1$ 时，$f(x)$ 是 F_q 的置换多项式当且仅当存在 $c \in F_q^*$，$c^2 \neq 1$ 使

$$a = \frac{1 + c^2}{1 - c^2}$$

（ii）当 $(m, q-1) = 2$ 时，$f(x)$ 是 F_q 的置换多项式当且仅当 $q \equiv 3(\bmod 4)$，且存在 F_q 中的非平方元 c 使

$$a = \frac{1 + c}{1 - c}$$

（iii）当 $(m, q-1) = d \geqslant 3$ 时，$f(x)$ 不是 F_q 的置换多项式.

证 考虑方程

$$x_1^m \left(x_1^{\frac{q-1}{2}} + a \right) = x_2^m \left(x_2^{\frac{q-1}{2}} + a \right), \quad x_1, x_2 \in F_q \quad (3.4)$$

显然，$f(x)$ 是 F_q 的置换多项式当且仅当式(3.4)没有 $x_1 \neq x_2$ 的解. 现设 $x_1 \neq x_2$ 满足式(3.4)，我们来推出 a 应满足的条件：

（i）$(m, q-1) = 1$. 当 $x_1 x_2$ 是 F_q 的平方元时（包括 $x_1 = 0$ 或 $x_2 = 0$ 的情形），式(3.4)有解 $x_1 \neq x_2$ 当且仅当 $a = \pm 1$. 当 $x_1 x_2$ 是 F_q 中的非平方元时，不失一般性，可设 x_1 为平方元，x_2 为非平方元. 此时有 $x_1^{\frac{q-1}{2}} = 1$，$x_2^{\frac{q-1}{2}} = -1$，且式(3.4)成立等价于

$$a = \frac{x_2^m + x_1^m}{x_2^m - x_1^m} = \frac{1 + \left(\dfrac{x_1}{x_2} \right)^m}{1 - \left(\dfrac{x_1}{x_2} \right)^m}$$

42

等价于存在 F_q 中的非平方元 t（令 $t = \left(\dfrac{x_1}{x_2}\right)^m$），使得

$$a = \frac{1 + t}{1 - t}$$

因此，式 (3.4) 无解 $x_1 \neq x_2$ 的充要条件是 $a \neq \pm 1$，且对任何非平方元 $t \in F_q$ 有 $a \neq (1 + t)(1 - t)^{-1}$. 这两个条件等价于存在 $c \in F_q^*$，$c^2 \neq 1$ 使

$$a = \frac{1 + c^2}{1 - c^2}$$

(ii) $(m, q - 1) = 2$. 当 $q \equiv 1 \pmod 4$ 时，$x_2 = -x_1$ 是式 (3.4) 的满足 $x_1 \neq x_2$ 的解，$f(x)$ 不是 F_q 的置换多项式. 当 $q \equiv 3 \pmod 4$ 时，此时可仿 (i) 证明 (ii) 成立.

(iii) $(m, q - 1) = d \geq 3$. 设 ω 是 F_q 的一个 d 次本原根，则 $x_1 = 1, x_2 = \omega^2$ 是式 (3.4) 的满足 $x_1 \neq x_2$ 的解. 因此，$f(x)$ 不是 F_q 的置换多项式.

用类似的方法还可以证明：

定理 3.11　设 $m > 1, m \mid (q - 1)$. 则二项式 $x^{\frac{q-1}{m}+1} + ax (a \neq 0)$ 是 F_q 的置换多项式当且仅当：

(i) $(-a)^m \neq 1$.

(ii) 设 c 是 F_q 的一个固定的 m 次本原根，则对所有 $0 \leq i < j \leq m - 1$ 有

$$\left(\frac{a + c^i}{a + c^j}\right)^{\frac{q-1}{m}} \neq c^{j-i}$$

上面两个定理说明，存在形如 $x^{\frac{q-1}{2}+1} + ax (a \neq 0)$ 的 F_q 的置换多项式. 1962 年[10]，卡利茨证明这样的多项式不是 F_q 的任何扩域 $F_{q^r} (r > 1)$ 的置换多项式. 这是很有意思的结果，它将建议一些置换多项式的重要

性质. 卡利茨的结果可叙述为:

定理 3.12 设 $q \equiv 1 \pmod 2$, $a \neq 0$. 则 $f(x) = x^{\frac{q-1}{2}+1} + ax$ 不是 $F_{q^r}(r > 1)$ 的置换多项式.

证 如果 $2 \mid r$, 则 $\frac{q+1}{2} \mid (q^r - 1)$, 利用推论 3.4 即得. 下设 $2 \nmid r$. 取 $m = \frac{q-1}{2}$, 则 $q^r \equiv -1 \equiv m \pmod{(m+1)}$, 于是有正整数 k 使 $q^r = k(m+1) + m$. 从 $k(m+1) \equiv (m+1) \pmod q$ 及 $(m+1, q) = 1$ 知 $k \equiv 1 \pmod q$. 根据埃尔米特准则, 只需证明

$$\left(x^{m+1} + ax\right)^{k+m-1} \left(\bmod\left(x^{q^r} - x\right)\right)$$

的简化次数为 $q^r - 1$. 现在

$$\left(x^{m+1} + ax\right)^{k+m-1}$$

$$= \sum_{j=0}^{k+m-1} \binom{k+m-1}{j} a^j x^{(m+1)(k+m-1-j)+j}$$

$$= \sum_{j=0}^{k+m-1} \binom{k+m-1}{j} a^j x^{q^r - 1 + m^2 - m - jm}$$

$$= \binom{k+m-1}{m-1} a^{m-1} x^{q^r - 1} + H(x)$$

其中 $H(x)$ 是上面和式中除去 $j = m - 1$ 这一项所剩下的和. 当 $j \geq m$ 时, $q^r - 1 + m^2 - m - jm \leq q^r - 2$; 当 $j \leq m - 2$ 时, 因 $r > 1$, 故 $q^r \leq q^r - 1 + m^2 - m - jm \leq 2q^r - 3$. 因此, $H(x)$ 模 $x^{q^r} - x$ 的简化次数不超过 $q^r - 2$. 剩下只需证明特征 p 不整除二项式系数

$$\binom{k-1+m}{m-1}$$

因 $k - 1 \equiv 0 \pmod q$, $m < q$, $m \not\equiv 0 \pmod p$, 故由卢卡斯引理得

$$\binom{k-1+m}{m-1} \equiv \binom{m}{m-1} = \binom{m}{1} = m \not\equiv 0(\operatorname{mod} p)$$

结论成立.

1962 年, 卡利茨猜想定理 3.12 的结论对形如 $x^{\frac{q+1}{3}} + ax$ 的二项式也成立. 利德尔和詹姆斯证明, 当特征 $p > 5$ 时卡利茨的这个猜想成立. 我们用较复杂的方法完全证实了卡利茨的这个猜想. 于是有:

定理 3.13　设 $q \equiv 1(\operatorname{mod} 3), a \in F_q^*$, 则二项式 $x^{\frac{q-1}{3}+1} + ax$ 不是 $F_{p^r}(r > 1)$ 的置换多项式.

上述两个定理建议下述更一般的问题.

问题　设 $m > 1$ 是正整数, $q \equiv 1(\operatorname{mod} m), a \in F_q^*$. 能否证明 $x^{\frac{q-1}{m}+1} + ax$ 不是 $F_{q^r}(r > 1)$ 的置换多项式?

当特征 p 比较大时, 这个问题比较容易解决. 困难的是小特征 p 的情形.

定理 3.12 和定理 3.13 还建议, 若 $f \in F_q[x], f$ 是 F_q 的所有扩域 F_{q^r} 的置换多项式, 则这种多项式 f 是相当稀少的. 事实上, 这种多项式可以被完全决定如下.

定理 3.14　设 $f \in F_q[x]$, 则 f 是 F_q 的所有扩域的置换多项式当且仅当 $f(x) = ax^{p^h} + b$, 其中 h 是某个非负整数, $a \neq 0, p$ 是 F_q 的特征.

证　因 $(p^h, q^r - 1) = 1$, 充分性是显然的. 现证必要性.

因 f 是 F_q 的置换多项式, 对 F_q 中每一元 c, 方程 $f(x) = c$ 在 F_q 中有唯一解 d. 于是

$$f(x) - c = (x - d)^k g(x)$$

其中 k 是正整数, $g(x) \in F_q[x], \deg(g(x)) = 0$ 或 g 是

$F_q[x]$ 中次数大于 1 的不可约因子 g_i 之积. 如果有一 $g_i, \deg(g_i) \geq 2$, 取 r 是 $\deg(g_i)$ 的正倍数, 则 g_i 在 F_{q^r} 中有一根. 这样, f 就不是 F_{q^r} 的置换多项式. 因此, 必有

$$f(x) - c = a(x-d)^k, a \neq 0 \qquad (3.5)$$

分别取 $c = 0$ 和 $c = -1$, 知存在 $d_0, d_1 \in F_q$ 使

$$a(x-d_0)^k - (x-d_1)^k = 1$$

作变换 $x \to x + d_1$ 得

$$a(x+d_1-d_0)^k - ax^k = 1$$

$$= a \sum_{j=0}^{k-1} \binom{k}{j} x^j (d_1-d_0)^{k-j}$$

因 $d_0 \neq d_1$, 比较系数得

$$\binom{k}{j} \equiv 0 \pmod{p} \ (0 < j < k) \qquad (3.6)$$

设 $p^h \leq k < p^{h+1}$, h 是非负整数. 如果 $k \neq p^h$, 取 $j = p^h$, 由卢卡斯引理得

$$\binom{k}{p^h} \not\equiv 0 \pmod{p}$$

与式 (3.6) 矛盾. 因此必有 $k = p^h$. 再由式 (3.5) 即得定理.

用有限域上的类似黎曼假设, 可以证明:

定理 3.15 设 $k > 2, k$ 不是特征 p 的方幂. 如果 $q \geq (k^2 - 4k + 6)^2$, 则 $x^k + ax(a \neq 0)$ 不是 F_q 的置换多项式.

对更一般的二项, 即 $f(x) = x^k + ax^j$ 的情形, 也有类似结果.

3. 置换多项式的群

设 $f(x), g(x)$ 是 F_q 上次数小于 q 的置换多项式,

46

则多项式 f 和 g 的合成 $f(g(x))$ 模 $x^q - x$ 后仍为 F_q 上次数小于 q 的置换多项式. 因此, 在合成运算下, F_q 的所有次数小于 q 的置换多项式作成一群. 该群同构于 q 个字母上的对称群 S_q. 事实上, 对 F_q 的任一次数小于 q 的置换多项式 $f(x)$, $f(x)$ 导出 F_q 的一个置换 σ_f. 作映射

$$\varphi: f \to \sigma_f$$

则 φ 是从 F_q 的所有次数小于 q 的置换多项式到 F_q 的全体置换的映射. 不同的 $f(x)$ 导出不同的置换 σ_f, 因此 φ 是单射. 对 F_q 的任一置换 σ, 由拉格朗日插值公式知, 存在 F_q 上一次数小于 q 的多项式 $f(x)$ 使 $f(c) = \sigma(c)$ 对所有 $c \in F_q$ 均成立, 于是 f 导出 σ, 故 φ 是满射. 进一步, 直接验证知 φ 满足

$$\varphi(f(g)) = \sigma_{fg} = \sigma_f \cdot \sigma_g = \varphi(f) \cdot \varphi(g)$$

因此 φ 是一个同构映射.

上面的讨论指出, 对称群 S_q 及其子群可用 F_q 的置换多项式群来表示. 从这个观点出发, 可以预料置换多项式在群论中是很有用的.

定理 3.16　设 $q > 2$, 则 S_q 由 x^{q-2} 及 F_q 上所有线性多项式生成.

证　首先, x^{q-2} 及所有 F_q 的线性多项式均是 F_q 的置换多项式, 因此都是 S_q 中的元. 其次, 从对换 $(bc) = (ob)(oc)(ob)$ 及 S_q 由所有对换生成这两个事实知, 只需证明对换 (oa) 可被 x^{q-2} 及线性多项式 $\alpha x + \beta (\alpha \neq 0)$ 的合成所表出. 多项式

$$f_a(x) = -a^2 \big[((x - a)^{q-2} + a^{-1})^{q-2} - a \big]^{q-2}$$

正好表示出对换 (oa), 即 $f(0) = a$, $f(a) = 0$, 当 $c \neq 0$, a 时有 $f_a(c) = c$. 因为 $f_a(x)$ 是由 x^{q-2} 及线性多项式合

成而来,故定理的结论成立.

从定理 3.16 不难看出有下述:

定理 3.17 设 $q > 2, c$ 是 F_q 的一个固定的本原根,则 S_q 由 $cx, x + 1$ 及 x^{q-2} 所生成.

类似地,可以得到交错群 A_q 的生成元,这里交错群 A_q 是由 S_q 的所有偶置换组成.与偶置换相对应,如果 F_q 的置换多项式 f 导出 F_q 的一个偶置换,就称 f 是 F_q 的偶置换多项式.

引理 3.18 设 $q > 2, a \in F_q$. 则 $x + a$ 和 $(x^{q-2} + a)^{q-2}$ 是 F_q 的偶置换多项式;ax 是偶置换多项式当且仅当 a 是 F_q^* 的平方元;x^{q-2} 是偶置换多项式当且仅当 $q \equiv 3 \pmod 4$.

证 $x + a$ 导出的置换由 p^{e-1} 个形如 $(a, a + a, \cdots, a + (p - 1)a)$ 的长度为 p 的圈组成,这里 $q = p^e$. 因此,当 $2 \nmid p$ 或 $q = 2^e$ 而 $e > 1$ 时,$x + a$ 是偶置换多项式.

$(x^{q-2} + a)^{q-2}$ 由偶置换 $x + a$ 及两个同样的置换 x^{q-2} 生成,因此 $(x^{q-2} + a)^{q-2}$ 也是偶置换多项式.

ax 是置换多项式当且仅当 $a \neq 0$. 设 $a = c^s$,则 ax 由 s 个 cx 合成而来. cx 导出的置换是一长度为 $q - 1$ 的圈,故当 q 为奇数时,cx 是奇置换. 当 q 为偶数时,F_q 中的每一个元都为平方元. 由此推得,ax 是 F_q 的偶置换多项式当且仅当 $a \neq 0$,且 a 是 F_q 的平方元.

最后,x^{q-2} 把 $F_q - \{0, 1, -1\}$ 的所有元素依对换双双配对. 当 $2 \nmid q$ 时,共有 $\dfrac{q-3}{2}$ 个对换;当 $2 \mid q$ 时,共有 $\dfrac{q-2}{2}$ 个对换. 故 x^{q-2} 是偶置换多项式当且仅当 $q \equiv 3 \pmod 4$.

设 $q > 2$,定义下列置换多项式的集

$$L_q = \{ax + b \mid a \in F_q^*, b \in F_q\}$$

$$AL_q = \{(x^{q-2} + a)^{q-2} \mid a \in F_q\}$$

$$Q_q = \{a^2x + b \mid a \in F_q^*, b \in F_q\}$$

这些集在模 $x^q - x$ 的合成运算下均作成群. 容易证明:

定理3.19　设 $q > 2$,c 是 F_q 的一个本原根. 则有:

(i) L_q 由 cx 和 $x + 1$ 生成.

(ii) Q_q 由 $c^2 x$ 和 $x + 1$ 生成.

(iii) A_q 由子群 $AL_q + Q_q$ 生成.

(iv) A_q 由 $c^2 x$,$x + 1$ 和 $(x^{q-2} + 1)^{q-2}$ 生成.

类似于定理 1.13,定义迪克森多项式组成的多项式类如下

$$P(0) = \{g_k(x,0) \mid k \text{ 是正整数},(k,q^2 - 1) = 1\}$$

$$P(a) = \{g_k(x,a) \mid k \text{ 是正整数},(k,q - 1) = 1\}, a \neq 0$$

则有:

定理3.20　$P(a)$ 在合成运算下作成一群当且仅当 $a = 0$,± 1,进一步,当 $a = 0$,± 1 时,还有 $g_k(g_n(x, a), a) = g_{kn}(x, a)$. 因此当 $a = 0$,± 1 时,$P(a)$ 是阿贝尔群.

另一类与置换多项式有关的群是伯蒂 – 马修群. 它是由伯蒂在 1852 年,马修在 1862 年独立引进的.

设 F_{q^r} 是 F_q 的扩域,考虑 q – 多项式

$$L(x) = \sum_{s=0}^{r-1} \alpha_x x^{q^s} \in F_{q^r}[x] \qquad (3.7)$$

定理3.7表明 $L(x)$ 是 F_{q^r} 的置换多项式当且仅当 $L(x)$ 仅有一个根在 F_{q^r} 中,即根 $x = 0$,从这个结论出发,利用线性代数的知识可以证明形如式(3.7)的置换多项式在模 $x^{q^r} - x$ 的合成运算下作成一个群,这个群称为

伯蒂－马修群. 可以证明:

定理 3.21 上述伯蒂－马修群同构于 F_q 上 $r \times r$ 阶非奇异矩阵在矩阵乘法下作成的一般线性群 $GL(r, F_q)$.

4. 例外多项式

设 f 是 $F_q[x]$ 中次数大于零的多项式, f 是 F_q 的置换多项式等价于, 对任何不同元 $a_1, a_2 \in F_q$ 均有 $f(a_1) \neq f(a_2)$, 即

$$\frac{f(a_1) - f(a_2)}{a_1 - a_2} \neq 0$$

因此, $f(x)$ 是 F_q 的置换多项式当且仅当两个变元的多项式

$$\phi(x, y) = \frac{f(x) - f(y)}{x - y} \qquad (3.8)$$

在 F_q 中无 $x \neq y$ 的解. 如果 $\phi(x, y)$ 在 $F_q[x, y]$ 中有一不具有 $a(x - y)$ 形状的绝对不可约因子, 则当 q 充分大时, 应用著名的朗－韦依定理知该因子在 F_q 中有一 $x \neq y$ 的零点. 这样, $\phi(x, y)$ 在 F_q 中就有 $x \neq y$ 的零点, 因此 $f(x)$ 就不是 F_q 的置换多项式. 从这个观点出发, 可以预料有限域上方程的深入理论可用到置换多项式的研究上, 而置换多项式的判别有可能归结为绝对不可约多项式的研究. 本节的目的就是介绍这方面的结果.

设 $g(x, y) \in F_q[x, y]$. 如果 $g(x, y)$ 在 F_q 的任何扩域上都是不可约的, 则称 g 是 F_q 上的绝对不可约多项式. 利用这个概念, 假设

$$\phi(x, y) = a_n g_1 g_2 \cdots g_r \qquad (3.9)$$

50

是 ϕ 在 $F_q[x,y]$ 中的标准分解式, 其中 a_n 是 f 的首项系数, $g_i(x,y)$ 是 F_q 中的首 1 不可约多项式. 上面已经说明, 若某一 g_i 在 F_q 上是绝对不可约的, 且 $g_i \neq a(x - y)$, 则当 q 充分大时, f 不是 F_q 的置换多项式. 这个结果导致下述:

定义　在分解式 (3.9) 中, 若 F_q 上任一个绝对不可约的 g_i 均具有形状 $a(x - y)$, 则称 f 是 F_q 上的例外多项式.

利用例外多项式的概念, 上述结果可叙述为:

定理 3.22　若 f 不是 F_q 上的例外多项式, 则当 q 充分大时, f 不是 F_q 的置换多项式.

在素域 F_p 的情形, 例外多项式的概念是由达文波特 – 路易斯于 1963 年引进的. 我们给出的定义与一般例外多项式的定义是不同的, 利用上述新定义, 关于置换多项式的结果可以得到更完备的阐述.

一个值得注意的问题是定理 3.22 的逆是否成立, 即如果 f 是 $F_q[x]$ 中次数大于零的例外多项式, 则当 q 充分大时, f 是不是 F_q 的置换多项式.

1967 年[29], 麦克卢尔证明, 若 f 是 F_q 上的例外多项式, 特征 $p > \dfrac{1}{2}\deg(f)$, 则 f 是 F_q 的置换多项式. 1968 年[43], 威廉斯给出了这一结果的一个简单证明. 1970 年后[14], 科恩完全解决了定理 3.22 的逆问题, 他用代数数论的方法证明了下述更强的结果.

定理 3.23　设 f 是 $F_q[x]$ 中次数大于零的例外多项式, 则 f 是 F_q 的置换多项式.

综合定理 3.22 和定理 3.23 得:

定理 3.24　设 f 是 $F_q[x]$ 中次数大于零的多项

式. 存在与 f 的次数 $\deg(f) = n$ 有关的常数 c_n，只要 $q > c_n$，则 f 是 F_q 的置换多项式当且仅当 f 是 F_q 的例外多项式.

如果 $q \leqslant c_n$ 时，定理 3.24 也成立，则定理 3.24 给出了判别置换多项式的一个理想准则. 因此，决定定理 3.24 对 $q \leqslant c_n$ 是否成立是一个有重要定义的问题.

下面我们介绍一个著名的猜想.

卡利茨猜想   给定一个正偶数 n，存在常数 c_n，只要奇数 $q > c_n$，则 F_q 无次数为 n 的置换多项式.

对卡利茨猜想，当 $n = 2^k$ 时比较容易解决（下面将证明这个事实）. 迪克森的置换多项式表解决了 $n = 2$，4，6 的情形. 1963 年，达文波特和路易斯解决了 q 为素数的情形（见定理 1.19）. 在 q 为素数的情形，邦别里和达文波特[8] 以及蒂特凡林[41] 于 1966 年还得到了定量的结果. 1967 年[19]，海斯解决了 $n = 10$ 的情形. 最近[6]，我们解决了 $n = 12$ 和 14 的情形. 综合这些结果有：

定理 3.25   卡利茨猜想对 $n < 18$ 时均成立.

根据定理 3.24，卡利茨猜想可等价地叙述为：给定一个正偶数 n，存在常数 c_n，只要奇数 $q > c_n$，则 F_q 无次数为 n 的例外多项式.

定理 3.26   给定一个正整数 n，存在常数 c_n，只要 $q > c_n$，$(n, q) = 1$，且 F_q 有一单位根 $\xi \neq 1$，则 F_q 无 n 次置换多项式.

证   设 $f \in F_q[x]$，$\deg(f) = n$. 又设

$$\phi(x, y) = \frac{f(x) - f(y)}{x - y} = a_n g_1 \cdots g_r \quad (3.10)$$

是 ϕ 在 $\overline{F_q}[x, y]$ 中的标准分解式，此外 $\overline{F_q}$ 为 F_q 的代数

52

闭包, a_n 是 f 的首项系数, g_i 是 $\overline{F_q}$ 上首 1 的绝对不可约多项式. 若能证明, 某一 $g_i \in F_q[x,y]$, 且 $g_i \neq a(x-y)$, 则 g_i 是 F_q 上的绝对不可约多项式, 且 $g_i \neq a(x-y)$. 由朗 - 韦依定理得定理成立.

设 $h_i(1 \leqslant i \leqslant r)$ 是 g_i 的次数最高的齐次部分, 显然有

$$\frac{x^n - y^n}{x - y} = h_1 \cdots h_r \qquad (3.11)$$

设 $\xi_1, \cdots, \xi_{n-1}$ 是 $\overline{F_q}$ 的不等于 1 的所有 n 次单位根, 式 (3.11) 给出

$$(x - \xi_1 y) \cdots (x - \xi_{n-1} y) = h_1 \cdots h_r \qquad (3.12)$$

因 $p \nmid n, \xi_1, \cdots, \xi_{n-1}$ 是互不相同的, 故 $x - \xi y \in F_q[x,y]$ 恰整除 h_i 中的某一个, 不妨设 $(x - \xi y) \mid h_1$.

又设 σ 是 $\overline{F_q}[x,y]$ 到自身的下述同构

$$\sigma\left(\sum_{j,k} a_{jk} x^j y^k \right) = \sum_{j,k} a_{jk}^q x^j y^k \qquad (3.13)$$

将 σ 作用于式 (3.10) 的两端. 因 $\phi \in F_q[x,y]$, 故 $\sigma(a_n) = a_n, \sigma(\phi) = \phi$, 因此 σ 置换诸 g_i. 令 $\sigma(g_1) = g_m$, 此处 $1 \leqslant m \leqslant r$, 则 $\sigma(h_1) = h_m$. $x - \xi y$ 在 σ 作用下保持不变, 现有 $(x - \xi y) \mid h_1$, 故 $x - \xi y$ 整除 $\sigma(h_1) = h_m$. 因 $x - \xi y$ 恰整除 h_i 中的一个即 h_1, 我们推得 $h_m = h_1$, 即 $g_1 = \sigma(g_1)$, g_1 在 σ 之下不变. 注意 $\overline{F_q}$ 关于 F_q 的所有自同构由 σ 生成, 这就意味着 g_1 在 $\overline{F_q}$ 的任何自同构下不变. 因此 $g_1 \in F_q[x,y]$, g_1 是 F_q 上的绝对不可约多项式. 从 $(x - \xi y) \mid h_1, \xi \neq 1$ 知 $g_1 \neq a(x - y)$. 因此 f 不是 F_q 上的例外多项式, 由定理 3.22 即得.

推论 3. 27 设 n 是正偶数. 存在 c_n, 只要 $q > c_n$, $(n, q) = 1$, 则 F_q 上无 n 次置换多项式.

证 在定理 3. 26 中取 $\xi = -1$ 立得.

特别, 当 $n = 2^k$ 或 q 为素数时, 卡利茨猜想成立.

推论 3. 28 设 n 为正整数, $(n, q) = 1$, q 充分大, 则 F_q 有次数为 n 的置换多项式当且仅当 $(n, q - 1) = 1$.

证 若 $(n, q - 1) = 1$, 取 $f(x) = x^n$ 即为所需. 若 $(n, q - 1) > 1$, 则 F_q 有一单位根 $\xi \neq 1$, 由定理 3. 26 即得.

比卡利茨猜想更广泛一些, 可以提出下述:

猜想 设 n 是给定的正整数. 存在常数 c_n, 只要 $q > c_n$, 且 n 不是特征 p 的方幂, 则 F_q 无 n 次置换多项式.

当 n 为偶数时, 上述猜想便化为卡利茨猜想.

以上的讨论表明有限域上方程的理论, 主要是朗 – 韦依定理 (这是类似黎曼假设的结果), 可用来证明满足某些条件的多项式不是置换多项式. 类似黎曼假设也可用来证明某些多项式是置换多项式.

1966 年[12], 卡利茨和韦尔斯用类似黎曼假设证明:

定理 3. 29 设 $e > 1$, $e \mid (q - 1)$, 当 q 充分大时, 存在 $a \in F_q$ 使得 $f = x^c (x^{\frac{q-1}{e}} + a)^k$ 是 F_q 的置换多项式对所有 $(c, q - 1) = 1$, $k \geqslant 1$ 均成立.

用他们的方法, 还可证更一般的:

定理 3. 30 设 $e > 1$, $e \mid (q - 1)$, $g(x)$ 是 F_q 上次数大于零的多项式. 当 q 充分大时, 存在 $a \in F_q$ 使得 $f = x^c (g(x^{\frac{q-1}{e}}) + a)^k$ 是 F_q 的置换多项式对所有满足

54

$k \geqslant 1, (c, q-1) = 1$ 均成立.

5. 完备映射

设 $f \in F_q[x]$. 如果 $f(x), f(x) + x$ 均为 F_q 的置换多项式,则称 f 是 F_q 的完备映射多项式,简称完备映射. 这个概念是由曼恩在 1942 年研究正交拉丁方的构造时引入的. 到目前为止,关于完备映射的结果尚不很多,本节介绍一些主要的结果.

因为置换多项式已有一些判别的方法,从理论上讲,完备映射已有了判别的方法. 但从这个角度去判别完备映射,常常是很复杂的. 下面的定理给出了完备映射的一个简洁而有趣的性质.

定理 3.31　设 $q > 3$,则 F_q 的任何完备映射多项式的简化次数都不超过 $q - 3$.

证　先证 q 为奇数的情形,此时比较容易,设 f 是 F_q 的一个完备映射,则 $f, f + x$ 都是 F_q 的置换多项式. 由埃尔米特准则知,$f(x), f(x)^2, (f(x) + x)^2$ 模 $x^q - x$ 的简化次数不超过 $q - 2$ 再利用等式

$$(f(x) + x)^2 = f(x)^2 + 2xf(x) + x^2 \quad (3.14)$$

得 $f(x)$ 的简化次数都不超过 $q - 3$.

下面证明 q 为偶数的情形,此时有 $q = 2^k$. 熟知,有限域 F_q 同构于某一代数整数环 E 的剩余类环 $E/2E$. 设 η 是 E 到 $F_q = E/2E$ 的标准环同态. 令 $\eta(x) = x$,则 η 可扩充为 $E[x]$ 到 $F_q[x]$ 的一个环同态,该环同态仍记为 η. 取 g 是 F_q 的一个生成元,g_1 是 g 在 η 下的一个逆象,则有

$$g_1^{q-1} \equiv 1 (\bmod 2), g_1^i \not\equiv (\bmod 2) (0 < i < q-1)$$
$$(3.15)$$

如果 $g_1^{q-1} \not\equiv 1 \pmod 4$，则因为有如下的等式

$$\left(g_1 \left(1 + 2\left(\frac{g_1^{q-1} - 1}{2} \right) \right) \right)^{q-1}$$

$$\equiv g_1^{q-1} + 2g_1^{q-1}(q-1)\frac{g_1^{q-1} - 1}{2}$$

$$\equiv 1 + 2\left(\frac{g_1^{q-1} - 1}{2} \right) - 2g_1^{q-1}\left(\frac{g_1^{q-1} - 1}{2} \right)$$

$$\equiv 1 \pmod 4 \qquad\qquad (3.16)$$

和

$$\eta\left(g_1\left(1 + 2\left(\frac{g_1^{q-1} - 1}{2} \right) \right) \right) = \eta(g_1) = g \quad (3.17)$$

不失一般性，我们可设

$$g_1^{q-1} \equiv 1 \pmod 4 \qquad\qquad (3.18)$$

令 $S = \{ g_1^i \mid 0 \leqslant i \leqslant q - 2 \} \cup \{0\}$. 如果 $f = a_{q-2}x^{q-2} + a_{q-3}x^{q-3} + \cdots + a_0 (a_i \in F_q)$ 是 F_q 的完备映射（据埃尔米特准则，可设 f 具有这种形状），设 $F(x) = b_{q-2}x^{q-2} + b_{q-3}x^{q-3} + \cdots + b_0 (b_i \in E)$ 是 $f(x)$ 的一个逆象，则易见 $\{ \eta(F(x)) \mid x \in S \} = \{ \eta(F(x) + x) \mid x \in S \} = F_q$
因此有

$$\sum_{x \in S} F^2(x) = \sum_{x \in S} (x + 2 \cdot G(x))^2 \qquad (3.19)$$

其中当 $x \in S$ 时，$G(x) \in E$. 式 (3.19) 可进一步简化得

$$\sum_{x \in S} F^2(x) \equiv \sum_{x \in S} x^2 \pmod 4 = \frac{g_1^{2(q-1)} - 1}{g_1^2 - 1}$$

$$\equiv 0 \pmod 4 \qquad\qquad (3.20)$$

同样有（因 $F(x) + x$ 也是置换多项式）

$$\sum_{x \in S} (F(x) + x)^2 \equiv 0 \pmod 4 \qquad (3.21)$$

从

$$0 \equiv \sum_{x \in S} (F(x) + x)^2 = \sum_{x \in S} F(x)^2 + \sum_{x \in S} x^2 + 2\sum_{x \in S} xF(x)$$

$$\equiv 0 + 0 + 2\sum_{x \in S} b_{q-2} x^{q-1} - 2b_{q-2} (\text{mod } 4)$$

得出 $b_{q-2} \equiv 0 (\text{mod } 2)$. 因此 $a_{q-2} = \eta(b_{q-2}) = 0$, 即 f 的简化次数不超过 $q - 3$.

1982 年[35], 尼德赖特尔和鲁宾逊提出了定理 3.31, 并证明了 q 为奇数的情形. 他们把 q 为偶数的情形作为一个遗留问题提了出来, 这个问题被作者之一解决, 见[5].

定理 3.31 在某种意义下是最佳的. 例如, $x^4 + 3x$ 是 F_7 的完备映射, 其简化次数为 $4 = 7 - 3$. 又如, $f = ax (a \neq 0, 1)$ 是 F_4 的完备映射, 其简化次数为 $1 = 4 - 3$.

定理 3.32　如果 f 是 F_q 的完备映射, 则:

(i) 对 $a, b \in F_q$, $f(x + a) + b$ 均是 F_q 的完备映射.

(ii) 对 $a \in F_q^*$, $af(a^{-1}x)$ 是 F_q 的完备映射.

(iii) 若 $h(x) \in F_q[x]$ 是 $f(x)$ 的逆映射, 则 $h(x)$ 也是 F_q 的完备映射.

证　(i) $f(x + a) + b$ 显然是置换多项式. 因 $f(x) + x$ 也是置换多项式, 故 $f(x + a) + b + x = (f(x + a) + x + a) + b - a$ 也是置换多项式, (i) 成立.

(ii) 记 $f^{(a)}(x) = af(a^{-1}x)$, $g(x) = f(x) + x$. 则 $f^{(a)}(x) + x = af(a^{-1}x) + aa^{-1}x = ag(a^{-1}x)$. 因此, $f^{(a)}(x), f^{(a)}(x) + x$ 均为 F_q 的置换多项式. (ii) 成立.

(iii) h 显然是 F_q 的置换多项式. 又因 $h(c) + c = h(c) + f(h(c)) = g(h(c))$ 对所有 $c \in F_q$ 均成立, 故 $h(x) + x$ 也是 F_q 的置换多项式. (iii) 成立.

57

利用迪克森的置换多项式表,尼德赖特尔和鲁宾逊也给出了次数不超过 5 的"标准形"完备映射多项式表.

在本章第 2 节中,给出了置换多项式的各种构造,这些结果可用来构造完备映射的例子.下面介绍由二项式和迪克森多项式组成的完备映射.

定理 3.33 设 q 为奇数,$M(q)$ 是 F_q 中形如 $ax^{\frac{q+1}{2}}+bx(a\neq 0)$ 的完备映射的个数,则有

$$M(q)$$
$$=\left(\frac{q-1}{2}-\frac{1}{2}\left(1+\left(\frac{-1}{q}\right)\right)\right)\left(\frac{q-3}{2}-\frac{1}{2}\left(1+\left(\frac{-1}{q}\right)\right)\right)$$

其中

$$\left(\frac{-1}{q}\right)=\begin{cases}1, & \text{当 } q\equiv 1(\bmod 4)\text{ 时}\\ -1, & \text{当 } q\equiv -1(\bmod 4)\text{ 时}\end{cases}$$

证 设 $b=at$. 由定理 3.10 知 $f(x)=ax^{\frac{q+1}{2}}+bx=ax^{\frac{q+1}{2}}+atx$ 是 F_q 的完备映射当且仅当下面两个式子同时成立

$$t=\frac{1+c^2}{1-c^2},c^2\neq 1,0 \qquad (3.22)$$

$$\frac{at+1}{a}=t+\frac{1}{a}=\frac{1+d^2}{1-d^2},d^2\neq 1,0 \qquad (3.23)$$

上述两个式子又等价于

$$\frac{1}{a}=\frac{1+d^2}{1-d^2}-\frac{1+c^2}{1-c^2},c^2\neq 1,0,d^2\neq 1,0,c^2\neq d^2$$

因此

$$M(q)=|\{\{c^2,d^2\}\mid c^2\neq 1,0,d^2\neq 1,0,c^2\neq d^2\}|$$

c^2 共有 $\left(\frac{q-1}{2}-\frac{1}{2}\left(1+\left(\frac{-1}{q}\right)\right)\right)$ 种取法,在 c^2 取定

后, d^2 共有 $\left(\dfrac{q-1}{2} - 1 - \dfrac{1}{2}\left(1 + \left(\dfrac{-1}{q} \right) \right) \right)$ 种取法. 于是

$M(q)$

$= \left(\dfrac{q-1}{2} - \dfrac{1}{2}\left(1 + \left(\dfrac{-1}{q} \right) \right) \right) \left(\dfrac{q-3}{2} - \dfrac{1}{2}\left(1 + \left(\dfrac{-1}{q} \right) \right) \right)$

设 $a \in F_q^*$, $S_a = \{ ax^{\frac{q+2}{2}} + bx \mid b \in F_q \}$, 则诸 S_a 把形如 $ax^{\frac{q+1}{2}} + bx (a \neq 0)$ 的二项式化分成 $q-1$ 个多项式类. 定理 3.33 表明大约有 $\dfrac{q^2}{4}$ 个完备映射分布在这 $q-1$ 个多项式类中, 那么这种分布是否均匀呢? 用类似黎曼假设可以证明这种分布确是均匀的, 即有:

定理 3.34　设 $a \in F_q^*$, $M_a(q)$ 表示多项式类 S_a 中完备映射的个数. 则有

$$M_a(q) = \frac{q}{4} = O(\sqrt{q}) \qquad (3.24)$$

特别, 形如 $x^{\frac{q+1}{2}} + bx$ 的完备映射的个数是 $\dfrac{q}{4} + O(\sqrt{q})$ 个.

定理 3.35　设 F_q 是满足 $q > 5$ 的有限域, 则 F_q 有简化次数大于 1 的完备映射.

证　当 q 为奇数时, 由定理 3.33 立得. 下面证明当 q 为偶数且 $q > 5$ 时, F_q 有 4 次完备映射. 因为 F_q 上 3 次的首 1 不可约多项式的个数是 $N = \dfrac{1}{3}(q^3 - q) > q^2 (q^2 > 5)$, 故存在 F_q 中的一双元素 $\{a_1, a_2\}$ 以及不同的元素 d_1, d_2 使 $x^3 + a_1 x^2 + a_2 x + d_i (i = 1, 2)$ 在 F_q 上是不可约的. 作变换 $x \to x - a_1$ 得到 F_q 上两个不可约

多项式 $x^3 + bx + c_i(i = 1,2)$，$c_1 \neq c_2$. 再利用第 2 节的置换多项式表得

$$f(x) = \frac{1}{c_2 - c_1}(x^4 + bx^2 + c_1 x)$$

是 F_q 的一个完备映射.

当 $q \leqslant 5$ 时，定理 3.35 不成立，即 F_q 无简化次数大于 1 的完备映射. 从定理 3.31 知，只需证明当 $q = 5$ 时，不存在二次完备映射. 因为当 q 为奇数时，二次多项式 $x^2 + ax$ 不是 F_q 的置换多项式（$x^2 + ax = x(x + a)$），故 F_q 上不存在二次完备映射.

最近[31]，穆伦和尼德赖特尔考虑了与迪克森多项式有关的完备映射问题. 他们证明了：

定理 3.36 设 $k \geqslant 2$ 是整数，$a,b,c \in F_q$，$ab \neq 0$，F_q 的特征是 p，$g_k(x,a)$ 是迪克森多项式. 如果 $bg_k(x,a) + cx$ 是 F_q 的完备映射，则必有下述条件之一成立：

(i) $k \geqslant 3$，$p \mid k$.

(ii) $k \geqslant 4$，$p \nmid k$，$q < (9k^2 - 27k + 22)^2$.

定理 3.36 可从下述定理推得：

定理 3.37 在定理 3.36 的条件下，如果 $bg_k(x,a) + cx$ 是 F_q 的置换多项式，则必有下述条件之一成立：

(i) $k = 3$，$c = 3ab$，$q \equiv 2 \pmod 3$.

(ii) $k \geqslant 3$，$p \mid k$.

(iii) $k \geqslant 4$，$p \nmid k$，$q < (9k^2 - 27k + 22)^2$.

定理 3.37 基于类似黎曼假设及下述关于多项式绝对不可约性的定理.

定理 3.38 设 $k \geqslant 2$ 是整数，$a,c \in F_q$，$ac \neq 0$. 则

多项式

$$f(x,y) = \frac{x^k - a^k y^{2k}}{x - ay^2} \cdot \frac{x^k - 1}{x - 1} + cx^{k-1}y^{k-1} \quad (3.25)$$

在下列条件之一成立时是 F_q 上的绝对不可约多项式：

(i) $k = 2$.

(ii) $k = 3, c \neq 3a, p \neq 3$.

(iii) $k \geq 4, p \nmid k$.

定理 3.38 中条件 (iii) 是否可扩成 "$k \geq 4, k$ 不是特征 p 的方幂"？这是穆伦和尼德赖特尔提出的一个未被解决的问题.

注　本节中介绍的完备映射可以当做是满足附加条件的置换多项式. 关于满足附加条件的置换多项式还有一些工作. 如卡利茨在 1960 年[9]、哥德伯格在 1970 年[18]、麦肯纳尔在 1963 年[30]，证明了这方面的一个重要结果，他们的结果可叙述为：

定理 3.39　设 G 是 F_q^* 的一个真子群, $f \in F_q[x], \deg(f) < q$, 则 f 满足

$$\frac{f(a) - f(b)}{a - b} \in G \quad (3.26)$$

对所有 $a, b \in F_q, a \neq b$ 均成立的充要条件是 $f(x) = cx^{p^j} + d$, 其中 $c \in G, d \in F_q, p^j \equiv 1 \pmod{m}, m$ 是群 G 在 F_q^* 中的指数.

容易看出，满足式 (3.26) 的多项式是 F_q 的置换多项式，当 $G = F_q$ 时，式 (3.26) 成立与 $f(x)$ 是 F_q 的置换多项式等价.

代数基础

附录

1. 初等数论

（1）任给两个整数 a,b，其中 $b > 0$，如果存在一个整数 q 使得等式 $a = bq$ 成立，则称 b 整除 a，记作 $b \mid a$，此时 a 叫做 b 的倍数，b 叫做 a 的因数. 如果 b 不能整除 a，就记作 $b \nmid a$.

（2）设 a,b 是两个任给的整数，其中 $b > 0$，则存在两个唯一的整数 q 和 r，使得

$$a = bq + r, 0 \leqslant r < b$$

r 称为 a 模 b 的最小非负剩余.

（3）设 $a_1, \cdots, a_n$ 是 n 个整数（$n \geqslant 2$），如果整数 d 是它们之中每一个数的因数，那么 d 就叫做 $a_1, \cdots, a_n$ 的一个公因数，所有公因数中最大者叫做最大公因数，记作 $(a_1, \cdots, a_n)$. 如果 $(a_1, \cdots, a_n) = 1$，就称 $a_1, \cdots, a_n$ 互素.

如果 m 是这 n 个数的倍数,那么把 m 叫做这 n 个数的公倍数,一切公倍数中的最小正数称为最小公倍数,记作 $[a_1, \cdots, a_n]$.

(4) 一个大于 1 的整数,如果它的因数只有 1 和它本身,这个数就叫做素数,否则就叫做复合数. 最小的几个素数是 $2, 3, 5, 7, 11, 13, 17, 19, \cdots$. 任一个大于 1 的整数 a 能够唯一地分解成素数幂之积,即

$$a = p_1^{\alpha_1} \cdots p_k^{\alpha_k}, \alpha_i > 0 (i = 1, \cdots, k)$$

这里 $p_1 < p_2 < \cdots < p_k$ 是素数. 上式称为 a 的标准分解式. 该结果称为整数的唯一分解定理.

(5) 设正整数 a, b 的标准分解式为

$$a = p_1^{\alpha_1} \cdots p_s^{\alpha_s}, \alpha_i \geq 0 (i = 1, \cdots, s)$$
$$b = p_1^{\beta_1} \cdots p_s^{\beta_s}, \beta_i \geq 0 (i = 1, \cdots, s)$$

则 a 和 b 的最大公因数 (a, b) 和最小公倍数 $[a, b]$ 可计算如下

$$(a, b) = p_1^{\min(\alpha_1, \beta_1)} \cdots p_s^{\min(\alpha_s, \beta_s)}$$
$$[a, b] = p_1^{\max(\alpha_1, \beta_1)} \cdots p_s^{\max(\alpha_s, \beta_s)}$$

其中 $\min(\alpha_i, \beta_i), \max(\alpha_i, \beta_i)$ 分别表示 α_i, β_i 中的最小者和最大者. 进一步还有 $ab = (a, b)[a, b]$.

(6) 给定一个整数 $m > 0$,如果对两个整数 a, b 和 $m \mid (a - b)$,也就是 a, b 除 m 后的余数相同,则称 a, b 模 m 同余,记作

$$a = b (\mathrm{mod}\ m)$$

以 m 为模,可以把全体整数按余数来分类,凡用 m 来除后有相同的余数者都归成同一类. 这样,便可把全体整数分成 m 个类

$$\{0\}, \{1\}, \cdots, \{m - 1\}$$

这些类称为模 m 的剩余类,它们组成一个有 m 个元的

集合,记为 $\mathbf{Z}/(m)$. $\mathbf{Z}/(m)$ 作成一个环,称为模 m 的剩余类环. 当 $m=p$ 是素数时,$\mathbf{Z}/(p)$ 还是一个域,也记作 F_p.

如果从每一个剩余类中取出一个元 $a_i(i=0,1,\cdots,m-1)$,则 $\{a_0,a_1,\cdots,a_{m-1}\}$ 叫做模 m 的一个完全剩余系.

(7)设 x 是任一实数,用 $[x]$ 表示适合不等式
$$[x] \leqslant x < [x]+1$$
的整数,$[x]$ 称为 x 的整数部分,$[x]$ 实际上就是不超过 x 的最大整数. 在 $1,2,\cdots,n$ 中恰有 $\left[\dfrac{n}{m}\right]$ 个数是 m 的倍数.

(8)设 $\varphi(m)$ 表示 $0,1,\cdots,m-1$ 中与 m 互素的个数,如果 $m=p_1^{a_1}\cdots p_k^{a_k}$ 是 m 的标准分解式,则有
$$\varphi(m) = m\left(1-\frac{1}{p_1}\right)\cdots\left(1-\frac{1}{p_k}\right)$$
$\varphi(m)$ 称为欧拉函数. 当 $(a,m)=1$ 时,有
$$a^{\varphi(m)} \equiv 1(\bmod m)$$
特别,当 $m=p$ 是素数时,由于 $\varphi(p)=p-1$,故对 $(a,p)=1$ 有
$$a^{p-1} \equiv 1(\bmod p)$$
此即费马小定理.

(9)设 p 是素数,a_i 是整数,$i=0,1,\cdots,n$,$p\nmid a_n$,则多项式同余式
$$a_n x^n + a_{n-1}x^{n-1} + \cdots + a_1 x + a_0 \equiv 0(\bmod p)$$
的解 $x(0 \leqslant x \leqslant p-1)$ 的个数不超过 n,重解按重数计算.

(10)设 $m>0$,如果 $(n,m)=1$,且同余式 $x^2 \equiv n(\bmod m)$ 有解,就称 n 为模 m 的二次剩余;如果上面

的同余式没有解，就称 n 为模 m 的二次非剩余.

设 $p > 2$ 为素数，共有 $\frac{1}{2}(p-1)$ 个模 p 的二次剩余，$\frac{1}{2}(p-1)$ 个模 p 的二次非剩余，有

$$1^2, 2^2, \cdots, \left(\frac{1}{2}(p-1)\right)^2$$

即为模 p 的全体二次剩余.

设 $p \nmid n$，定义勒让德符号如下

$$\left(\frac{n}{p}\right) = \begin{cases} 1, & \text{如果 } n \text{ 是模 } p \text{ 的二次剩余} \\ -1, & \text{如果 } n \text{ 是模 } p \text{ 的二次非剩余} \end{cases}$$

则有

$$\left(\frac{n}{p}\right) \equiv n^{\frac{p-1}{2}} (\bmod\ p)$$

$$\left(\frac{-1}{p}\right) = (-1)^{\frac{p-1}{2}}$$

$$\left(\frac{2}{p}\right) = (-1)^{\frac{p^2-1}{8}}$$

$$\left(\frac{q}{p}\right) = (-1)^{\frac{p-1}{2} \cdot \frac{q-1}{2}} \left(\frac{p}{q}\right)$$

其中最后一式称为二次互反律，p, q 是不同的奇素数.

（11）设 $(a, m) = 1$，如果 $s > 0$，$a^s \equiv 1 (\bmod\ m)$，而对于比 s 小的正整数 u，均有 $a^u \not\equiv 1 (\bmod\ m)$，则称 a 模 m 的次数是 s. 可以证明 $s \mid \varphi(m)$. 当 $s = \varphi(m)$ 时，a 叫做模 m 的原根. m 有原根的充分必要条件是 $m = 2, 4, p^k, 2p^k$，其中 $k \geqslant 1, p$ 是奇素数. 当 p 是素数时，同余式

$$x^s \equiv 1 (\bmod\ p)$$

的解数是 $(s, p-1)$.

（12）设 $m_1, \cdots, m_k$ 是 k 个两两互素的正整数，$M =$

$m_1 \cdots m_k, M_i = \dfrac{M}{m_i}$,则同余式组

$$x \equiv b_1 (\bmod\ m_1)$$
$$x \equiv b_2 (\bmod\ m_2)$$
$$\vdots$$
$$x \equiv b_k (\bmod\ m_k)$$

有唯一解 $x = M_1' M_1 b_1 + \cdots + M_k' M_k b_k (\bmod\ M)$,其中 M_i' 满足

$$M_i' M_i \equiv 1 (\bmod\ m_i)\ (1 \leqslant i \leqslant k)$$

上述结果即为著名的孙子定理.

(13) 阶乘函数定义为 $m! = m \times (m-1) \times \cdots \times 2 \times 1 \times 0! = 1$. 设 a, b 是非负整数,定义二项系数

$$\binom{b}{a} = \frac{b!}{a!\ (b-a)!}$$

利用这个符号,二项式的方幂 $(x+y)^n$ 可展开为

$$(x+y)^n = \sum_{i=0}^{n} \binom{n}{i} x^i y^{n-i}$$

(14) 卢卡斯引理. 设 m, n 是两个正整数,p 是一个素数

$$m = a_0 + a_1 p + \cdots + a_k p^k\ (0 \leqslant a_i \leqslant p-1)$$
$$n = b_0 + b_1 p + \cdots + b_k p^k\ (0 \leqslant b_i \leqslant p-1)$$

是它们的 p 进位展开式,则有

$$\binom{m}{n} \equiv \binom{a_0}{b_0}\binom{a_1}{b_1}\cdots\binom{a_k}{b_k} (\bmod\ p)$$

2. 群,环,域

(1) 设 G 是一个非空集,G 上定义了一个二元运算 $*$,满足下列性质:

（ⅰ）结合律对任何 $a,b,c \in G$ 有
$$a * (b * c) = (a * b) * c$$

（ⅱ）存在 G 中的单位元 e 满足，对任何 $a \in G$
$$a * e = e * a = a$$

（ⅲ）对任何 $a \in G$，存在一个逆元 $a^{-1} \in G$ 使
$$a * a^{-1} = a^{-1} * a = e$$

满足上面三个条件的集合 G 称为一个群. 如果 G 还满足:

（ⅳ）对任何 $a,b \in G$ 有
$$a * b = b * a$$

则称 G 是阿贝尔群（即交换群）.

如果在群 G 中存在一个元素 g，使得对任何 $a \in G$ 都存在一个整数 j，使得 $a = g^j$，则称 g 是 G 的一个生成元，称 G 为一个循环群.

如果群 G 只含有有限个元，称 G 为有限群，G 中元素的个数称为 G 的阶，通常用 $|G|$ 表示.

如果 G 是一个 n 阶循环群，g 是 G 的一个生成元，$g_1 = g^j$，则 g_1 也是 G 的生成元当且仅当 $(j,n) = 1$.

如果 G 的一个子集 H 在 G 的运算下也作成一个群，就称 H 为 G 的子集. 定义
$$aH = \{ah \mid h \in H\}$$

则所有 aH 把 G 分成若干个不相交的子集）每一子集 aH 称为 G 关于 H 的一个左陪集. 类似地定义
$$Ha = \{ha \mid h \in H\}$$

Ha 称为 G 关于 H 的右陪集. 如果 H 是 G 的一个有限子群，则每一个左陪集和右陪集的元素个数相同. G 关于 H 的左陪集（或右陪集）的个数称为 H 在 G 中的指数，记为 $[G:H]$. 易见 $|G| = |H| \cdot [G:H]$.

设 $f: G \rightarrow H$ 是群 G 到群 H 的一个映射,如果对任何 $a, b \in G$ 均有

$$f(a \times b) = f(a) \cdot f(b)$$

即 f 保持 G 的运算,则称 f 是群 G 到群 H 的一个同态. 如果 f 是满射,即 H 中每一元都是 G 中某一元的象,则称 f 是满同态;如果 f 是单射,即当 $a \neq b$ 时, $f(a) \neq f(b)$,则称 f 是单同态. 既满又单的同态称为同构,此时 G 和 H 称为同构的群,当 $G = H$ 时, f 称为 G 的自同态.

如果对所有 $a \in G, h \in H$ (G 的子群),都有 $aha^{-1} \in H$,则称 H 为 G 的正规子群. 子群 H 在 G 中是正规的当且仅当任一左陪集 aH 和右陪集 Ha 相等. 这样,对正规子群,陪集之间可以定义运算

$$(aH)(bH) = (ab)H$$

在这种运算下,所有 H 的陪集作成一个群,记为 G/H ,称为 G 关于 H 的商群. $|G/H| = [G:H]$. 定义同态 $f: G \rightarrow G/H, f(a) = aH(a \in G)$, f 称为 G 到商群 H 的标准同态.

(2)置换群. 设 n 是一个正整数,如果 $a_1, \cdots, a_n$ 是 $1, 2, \cdots, n$ 的一个排列,则称

$$\sigma = \begin{pmatrix} 1 & 2 & \cdots & n \\ a_1 & a_2 & \cdots & a_n \end{pmatrix}$$

为一个 n 元置换. 置换 σ 可以理解为把 i 变换成 a_i ,因此是 $\{1, 2, \cdots, n\}$ 到自身的一个一一映射. 两个置换的复合也是一个置换. 所有 n 元置换在复合运算下作成一个群,称为 n 元置换群,常用 S_n 表示. S_n 的元素个数是 $n!$.

以 $(a_1 a_2 \cdots a_k)$ 表示一种特殊的置换,它把 a_1 变到

a_2，a_2 变到 a_3，……，a_{k-1} 变到 a_k，a_k 变到 a_1，保持其余数字不变，这样的置换 $(a_1\cdots a_k)$ 称为一个长度为 k 的圈. 当 $k=2$ 时，称为一个对换，此时 (a_1a_2) 表示 a_1，a_2 互变，其余数字不动.

任何一个置换都可分解成若干个对换的乘积（此处乘积为置换群的复合运算）. 若一个置换可以表示成偶数个对换的积，则称该置换为偶置换，否则称为奇置换. 当 k 为奇数时，长度为 k 的圈是偶置换；当 k 为偶数时，长度为 k 的圈是奇置换.

所以 n 阶偶置换作成 S_n 的一个子群，称为交错群，用 A_n 表示，且 $[S_n : A_n] = 2$.

（3）环. 设集 R 上有两种运算，加法"$+$"和乘法"$\cdot$"，如果 R 满足：

（i）R 关于加法运算"$+$"作成一个阿贝尔群.

（ii）R 关于乘法是结合的，即对 $a, b, c \in R$ 有

$$(a \cdot b) \cdot c = a \cdot (b \cdot c)$$

（iii）R 满足分配律，对任何 $a, b, c \in R$ 有

$$a \cdot (b + c) = a \cdot b + a \cdot c$$
$$(b + c) \cdot a = b \cdot a + c \cdot a$$

则称 R 是一个环. 环中运算"$+$"，"$\cdot$"不一定是通常的加法和乘法. R 关于"$+$"有一单位元，通常以 0 表示（即零元）. 如果 R 关于乘法"$\cdot$"有单位元，则称 R 是有单位元的环. 如果 R 关于乘法是交换的，就称 R 为交换环. 如果 R 是有单位元的交换环，且满足 $a \cdot b = 0$ 可推出 $a = 0$ 或 $b = 0$，就称 R 是一个整环. 如果环 R 的全体非零元作成一个群，就称 R 为除环. 一个交换的除环称为一个域.

例如，剩余类组成的集 $\mathbf{Z}/(m)$ 是一个环. 当 p 为

素数时, $\mathbf{Z}/(p)$ 是一个域.

如果环 R 到环 S 的一个映射 φ 满足, 对任何 $a, b \in R$ 均有

$$\varphi(a + b) = \varphi(a) + \varphi(b)$$
$$\varphi(ab) = \varphi(a) \cdot \varphi(b)$$

则称 φ 是 R 到 S 的一个同态. 若 φ 是既满又单的同态, 就称 φ 为一个同态. 类似地有两个域同构的概念.

(4) 域扩张, 设 K 是一个域, F 是 K 的一个子集, 如果在 K 的运算下, F 也作成一个域, 则称 F 是 K 的子域, K 是 F 的扩域. 如果 $\theta \in K, \theta$ 满足 F 上的一个多项式方程

$$a_n \theta^n + a_{n-1} \theta^{n-1} + \cdots + a_0 = 0 (a_i \in F, a_n \neq 0)$$

则称 θ 是 F 上的代数元. 如果 K 的每一个元都是 F 上的代数元, 就称 K 是 F 的代数扩域.

如果 $\theta \in K, \theta$ 是 F 上的代数元, 则存在唯一的一个首 1 不可约多项式 $g(x) \in F[x]$, 满足 $g(\theta) = 0$. $g(x)$ 称为 θ 在 F 上的极小多项式, $\deg(g(x))$ 称为 θ 在 F 上的次数. 可以证明, $[F(\theta) : F] = \deg(g(x))$, 这里 $F(\theta)$ 是含 F 和 θ 的最小扩域.

F 上所有代数元作成一个域, 称为 F 的代数闭包, 或代数闭域, 记为 $\overline{F}$. 显然, $\overline{F}$ 是 F 的扩域.

3. 有限域

(1) 由有限个元素组成的域叫做有限域. 可以证明, 任一有限域的元素个数 q 是一个素数 p 的方幂 p^k, 记 $q = p^k$. 反之, 对任给的素数 p, 和正整数 k, 存在元素个数为 p^k 的有限域. 任何两个 q 阶有限域是同构的. 在同构意义下唯一的有限域均用 F_q 表示. 在有限域中,

特征是指最小的正整数 r 使得对任何 $a \in F_q$ 均有

$$r \cdot a = a + a + \cdots + a(共 r 个) = 0$$

因此, F_q 的特征是 p, 在 F_q 中有恒等式

$$(x + y)^p = x^p + y^p$$

（2）如果 $a \in F_p$, 则有 $a^q = a$. 于是多项式 $x^q - x$ 可以分解成线性因子之积

$$x^q - x = \prod_{a \in F_q} (x - a)$$

（3）对任一有限域 F_q, F_q 的乘群 F_q^*（由 F_q 的全体非零元组成）是一个 $q - 1$ 阶循环群. F_q^* 的一个生成元称为 F_q 的本原元.

（4）设 K 是含 F_q 的一个有限域, 则 K 含有 q^m 个元素, 其中 $m = [K : F_q]$. 因此, 必有 $K = F_q^m$.

（5）如果 $q = p^n$, 则 F_q 的每一个子域的阶为 p^m, 其中 $m \mid n$; 反之, 如果 m 是 n 的一个正因子, 则存在 F_q 的唯一一个有 p^m 个元的子域.

（6）对每一有限域 F_q, 和正整数 n, 存在一个 $F_q[x]$ 的 n 次不可约多项式. 如果 $f \in F_q[x]$ 是 F_q 上的一个 m 次不可约多项式, 则 $f(x)$ 整除 $x^{q^n} - x$ 当且仅当 $m \mid n$. $F_q[x]$ 中的 n 次首 1 不可约多项式的个数

$$N_q(n) = \frac{1}{n} \sum_{d \mid n} \mu\left(\frac{n}{d}\right) q^d = \frac{1}{n} \sum_{d \mid n} \mu(d) q^{\frac{n}{d}}$$

这里 $\mu(d)$ 是麦比乌斯函数, 定义如下

$$\mu(d) = \begin{cases} 1, & 如果 n = 1 \\ (-1)^k, & 如果 n 是 k 个不同素数的积 \\ 0, & 如果 n 被一个素数的平方整除 \end{cases}$$

如果 f 是 $F_q[x]$ 的一个 m 次不可约多项式, 则 f 在 F_q^m 中有一根 a, 且 f 的全部都是单根, 由 $a, a^q, a^{q^2}, \cdots,$

$a^{q^{m-1}}$ 给出. 于是 f 在 F_q 上的分裂域由 F_q^m 给出, F_q 上两个 m 次不可约多项式的分裂域是同构的, 此外不可约多项式 f 在 F_q 上的分裂域是指含 F_q 及 f 的所有根的最小扩域.

(7) 设 F_q^m 是 F 的一个扩域, $\alpha \in F_q^m$, 则元素 α, $\alpha^q, \cdots, \alpha^{q^{m-1}}$, 称为 α 关于 F_q 的共轭. 所有 α 的共轭在 F_q^m 中有相同的阶. 如果 α 是 F_q^m 的一个本原元, 则 α, $\alpha^q, \cdots, a^{q^{m-1}}$ 均是 F_q^m 的一个本原元. 定义 $\sigma_j(\alpha) = \alpha^{q^j}$, 则易见 σ_j 是 F_q^m 关于 F_q 的一个自同构. F_q^m 关于 F_q 的全体自同构由 $\sigma_0, \sigma_1, \cdots, \sigma_{m-1}$ 组成, 这些自同构在合成运算下作成一个 m 阶循环群, 其中 $\sigma = \sigma_1$ 是一个生成元. 因此对 $\alpha \in F_q^m$ 有 $\alpha \in F_q$ 当且仅当 $\sigma(\alpha) = \alpha$.

(8) 设 $f(x)$ 是模 p 的一个 n 次不可约多项式, 则重模剩余类环

$$\mathbf{Z}[x]/f(x)(\bmod p)$$

正好是 p^n 阶的有限域.

4. 多项式

(1) 设 F 是一域, 形如 $\displaystyle\sum_{i=0}^{n} a_i x^i (a_i \in F)$ 的表达式称为 F 上的多项式, 所有这种多项式作成一个环, 记为 $F[x]$. 类似于本附录第 1 部分中整数的情形, 可定义多项式的整除性、素多项式 (即不可约多项式)、最大公因子、最小公倍式等概念.

(2) 设 $g \neq 0$ 是 $F[x]$ 中的一多项式, 则对任何 $f \in F[x]$, 存在 $F[x]$ 中的多项式 q_1 和 r_1 使得

$$f = q_1 g + r_1, \deg(r_1) < \deg(g_1)$$

同样有

$$g = q_2 r_1 + r_2, \deg(r_2) < \deg(r_1)$$
$$r_1 = q_3 r_2 + r_3, \deg(r_3) < \deg(r_2)$$
$$\vdots$$
$$r_{s-2} = q_s r_{s-1} + r_s, \deg(r_s) < \deg(r_{s-1})$$
$$r_{s-1} = q_{s+1} r_s$$

其中 $q_1, \cdots, q_{s+1}, r_1, \cdots, r_s$ 都是 $F[x]$ 中的多项式. r_s 就是 f 和 g 的最大公因式.

上述算法为欧几里得算法.

（3）$F[x]$ 中次数大于零的任何多项式可以唯一（除次序外）地写成下述形式

$$f = a p_1^{e_1} \cdots p_k^{e_k}$$

其中 $a \in F, p_1, \cdots, p_k$ 是 $F[x]$ 中的首1不可约多项式，$e_1, \cdots, e_k$ 是正整数.

（4）设 $f \in F[x]$，则剩余类环 $F[x]/f$ 是一个域当且仅当 f 在 F 上是不可约的.

（5）如果 $f(x) = a_0 + a_1 x + \cdots + a_n x^n$，定义导数 $f'(x) = a_1 + 2a_2 x + \cdots + n a_n x^{n-1} \in F[x]$，则 $b \in F$ 是 $f \in F[x]$ 的一个重根当且仅当 b 是 f 和 f' 的根. 如果 $(x - b)^k \mid f(x), (x - b)^{k+1} \nmid f(x)$，则称 b 是 f 的 k 重根. 任何一个 $n(n > 0)$ 次多项式在 F 中至多有 n 个根（重根按重数计算）.

（6）对 $n \geq 0$，设 $a_0, a_1 \cdots, a_n$ 是 $n+1$ 个不同的元素（均在 F 中），$b_0, b_1, \cdots, b_n$ 也是 F 的 $n+1$ 个元素（可以相同），则在 $F[x]$ 中恰有一个 n 次多项式 f 满足 $f(a_i) = b_i (i = 0, 1, \cdots, n)$，这个多项式为

$$f(x) = \sum_{i=0}^{n} b_i \prod_{\substack{k=0 \\ k \neq i}}^{n} (a_i - a_k)^{-1}(x - a_k)$$

$f(x)$ 称为拉格朗日插值公式.

（7）设 $x_1, \cdots, x_n$ 是 n 个变元，记

$$\sigma_1 = x_1 + x_2 + \cdots + x_n$$

$$\sigma_2 = x_1 x_2 + x_1 x_3 + \cdots + x_1 x_n + x_2 x_3 + \cdots + x_{n-1} x_n$$

$$\vdots$$

$$\sigma_n = x_1 x_2 \cdots x_n$$

一般地有

$$\sigma_k = \sigma_k(x_1, \cdots, x_n) = \sum_{1 \leqslant i_1 < \cdots < i_k \leqslant n} x_{i_1} \cdots x_{i_k}$$

$$k = 1, \cdots, n$$

σ 称为变元 $x_1, \cdots, x_n$ 的第 i 个初等对称多项式. 又记

$$s_k = s_k(x_1, \cdots, x_n) = x_1^k + \cdots + x_n^k \, (k \geqslant 1)$$

则有华林公式

$$s_k = \sum (-1)^{i_2 + i_4 + i_6 + \cdots} \frac{(i_1 + i_2 + \cdots + i_n - 1)! \, k}{i_1! \, i_2! \, \cdots i_n!} \cdot$$

$$\sigma_1^{i_1} \sigma_2^{i_2} \cdots \sigma_n^{i_n}$$

其中 $k \geqslant 1$，和式是对所有满足 $i_1 + 2i_2 + \cdots + ni_n = k$ 的 n 元非负整数组 $(i_1, \cdots, i_n)$ 进行的.

s_k 和 σ_i 之间的另一个关系是牛顿公式

$$s_k - s_{k-1}\sigma_1 + s_{k-2}\sigma_2 + \cdots + (-1)^{m-1} s_{k-m+1}\sigma_{m-1} +$$

$$(-1)^m \frac{m}{n} s_{k-m}\sigma_m = 0$$

其中 $k \geqslant 1, m = \min(k, n)$.

（8）设 ξ 是域 F 的某个扩域中的一个 n 次本原单位根，则所有 n 次本原根为 $\xi^s (1 \leqslant s \leqslant n, (s,n) = 1)$，定义 n 次分圆多项式为

$$\Omega_n(x) = \prod_{\substack{(s,n)=1 \\ 1 \leqslant s \leqslant n}} (x - \xi^s)$$

则有

74

$$x^n - 1 = \sum_{d \mid n} \Omega_d(x)$$

当 F 是有理数域 $\mathbf{Q}$ 时，$\Omega_n(x)$ 是 $\mathbf{Q}$ 上的 $\varphi(n)$ 次整系数不可约多项式，此处 $\varphi(n)$ 是欧拉函数.

（9）设 $f \in F_q[x,y]$，如果 f 在 $\overline{F_q}[x,y]$ 中也是不可约的，就称 f 是 F_q 上的绝对不可约多项式，此处 $\overline{F_q}$ 为 F_q 的代数闭包.

设 $f(x,y) = g_0 y^d + g_1(x) y^{d-1} + \cdots + g_d(x) \in F_q[x,y]$，其中 g_0 是非零常数. 令

$$\psi(f) = \max_{1 \leqslant i \leqslant d} \frac{1}{i} \deg(g_i)$$

如果 $\psi(f) = \dfrac{m}{d}$，且 $(d,m) = 1$，则可以证明 $f(x,y)$ 是 F_q 上的绝对不可约多项式.

（10）应用有限域上的类似黎曼假设，可以证明下述的朗－韦依定理：

假设 $f(x,y) \in F_q[x,y]$ 是次数大于 d 的绝对不可约多项式，则存在一个常数 $c(d)$，使得

$$|N(f) - q| \leqslant (d-1)(d-2)\sqrt{q} + c(d)$$

其中 $N(f)$ 表示方程

$$f(x,y) = 0$$

在 F_q 中的解数.

参考文献

［1］华罗庚.数论导引［M］.北京:科学出版社,1957.

［2］柯召,孙琦.初等数论一百例［M］.上海:上海教育出版社,1980.

［3］柯召,孙琦.数论讲义(上册)［M］.北京:高等教育出版社,1986.

［4］丘维声. n 元全差置换的数目［J］.科学通报,1985(22):1756-1757.

［5］万大庆.On a problem of Niederreiter and Robinson about finitefields［J］.科学通报,1985(8):636.

［6］万大庆.On a conjectur of Carlitz［J］.科学通报,1986(1):79-80.

［7］孙琦,旷京华.关于代数数域上的完全剩余系［J］.数学学报,1987(2):226-228.

［8］BOMBIERIE E, DAVENPORT H. On two problems of Mordell［J］. Amer. J. Math,1966(88):61-70.

［9］CARLITZ L. A theorem on permutations in a finite field［J］. Proc. Amer. Math. Soc,1960(11):456-459.

［10］CARLITZ L. Some theorems on permutation polynomials［J］. Bull. Amer. Math. Soc,1962(68):120-122.

［11］CARLITZ L, LUTZ J A. A characterization of permutation polynomials over finite fields［J］. Amer.

Math. Monthly,1978(85):746-748.

[12] CARLITZ L, WELLS C. The number of solutions of a special system of equations in a finite field [J]. Acta Arith,1966(12):77-84.

[13] CHOWLA S, ZASSENHAUS. Some conjectures concerning finite fields[J]. Norske Vid, Selsk. Forh(Trondheim),1968(42):34-35.

[14] COHEN S D. The distribution of polynomials over finite[J]. Acta Arith,1970(17):255-271.

[15] DAVENPORT H, LEWIS D J. Notes on congruences(Ⅱ)[J]. Quart. J, Math,1963(2):51-60.

[16] DICKSON L E. Linear Groups with and Exposition of the Galois Field Theory[M]. Dover, New York, 1958.

[17] FRIED M. On a conjecture of schur[J]. Michigan Math. J,1970(17):41-55.

[18] GOLDBERG M. The group of the quardratic residue tourement[J]. Canada. Math, Bull,1970(13): 51-54.

[19] HAYES D R. A geometric approach to permutation polynomials over a finite field[J]. Duke Math. J, 1967(34):293-305.

[20] KURBATOV V A. On polynomials which produce substitutions for infinitely many primes(Russian)[J]. Sverdlovsk, Gos. Ped. Inst. Vcen. Zap,1947(4): 79-121.

[21] KURBATOV V A. On the monodromy group of an algebraic function (Russian) [J]. Amer. Math.

Soc, Transl,1964(2):17-62.

[22] LANG S, WEIL A. Number of points of varieties in finite fields[J]. Amer. J. Math, 1954(76):819-827.

[23] LAUSCH H, MÜLLER W, NÖBAUER W. Über die struktur einer durch Dicksonpolynomer darges-tellten permutations gruppe des Restklassenringos modulo n [J]. J. Reine Angew. Math, 1973(261):88-99.

[24] LAUSCH H, NÖBAUER W. Algebra of Polynomi-als[M]. North-Holland, Amsterdam,1973.

[25] LIDL R, MÜLLER W. Permutation polynomials in RSA-cryptosystems[M]. Advancps in Cryptology, Edited by D. Chaum,1984.

[26] LIDL R, NIEDERREITER H. On orthogonal sys-tems and permutation polynomials in several varia-bles[J]. Acta Arith,1973(22):257-265.

[27] LIDL R, NIEDERREITER H. Finite Fields, En-cyclopedia[M]. of Math. and Its Appl. vol. 20, Addison-Wesley, Reading Mass,1983.

[28] LIDL R, WELLS C. Chebyshev polynomials in several variables [J]. J. Reine Angew. Math, 1972(255):104-111.

[29] MAC CLUER, C R. On a conjecture of Davenport and Lewis concerning exceptional polynomials[J]. Acta Arith, 1967(12):289-299.

[30] MCCONNEL R. Pseud o-ordered polynomials over a finite field[J]. Acta Arith,1963(8):127-151.

[31] WILLIAMS K S. On exceptional polynomials[J]. Canada Math. Bull,1968(11):279-282.

[32] MÜLLER W, NÖBAUER W. Some remarks on publickey cryptosystems[J]. Studia Sci. Math. Hungary,1981(16).

[33] NARKIEWICA W. Uniform Distribution of Sequences of Integers in Residue Classes[J]. Lecture Notes in Math. Springer-Verlag, vol, 1984(1087).

[34] NIEDERREITER H, Lo S K. Permutation polynomials over rings of algebraic integres[J]. Abh. Math. Sem. Hamburg, 1979(49):126-139.

[35] NIEDERREITER H, RCBINSON K H. Complete mappings of finite fields[J]. J. Austral. Math. Soc. SerA,1982(33):197-212.

[36] NÖBAUER, W. über permutations polynome und permutation functionen für primzahl potenzen[J]. Monatsh. Math,1965(69):230-238.

[37] NÖBAUER W, POLYNOME. Welche für gegebene Zzhler permutations polynome Sind [J]. Acta Arith,1966(11):437-442.

[38] REDEI L. über eindeutig umkehrbare polynome in endlichen körpern[J]. Acta Sci. Math (Szeged), 1946(11):85-92.

[39] RIVEST R, SHAMIR A, ADLEMAN L. A method of obtaining digital signatures and public-key cryptosystem[J]. CACM,1978(21):120-126.

[40] SCHUR I. Über den zusammenhang zwischen ei-

nem problem der zahlen theorie und einem Satz
über algebrais che Funktionen Sitzungs-ber, Preus
Acad. Wiss [J]. Berlin Math-Natur-wiss,
1923(KI) :123-134.

[41] TIETÄVÄINEN A. On non-residues of polyno-mial[J].
Ann. Univ, Turku. Ser AI, 1966(94) :6.

[42] WEGNER U. Über die ganzzahligen polynome die
für unendlich viele pri mzahl moduln permutationen
liefern[M]. Dissertation, Berlin, 1928.

外国人名索引

Lausch	劳斯基
Legendre	勒让德
Lewis	路易斯
Lidl	利德尔
Lo	罗
Lucas	卢卡斯
Lutz	卢茨
MacCluer	麦克卢尔
MacConnel	麦肯纳尔
Mann	曼恩
Mathiew	马修
Möbabius	麦比乌斯
Mullen	穆伦
Müller	米勒
Narkiewica	纳克维兹
Newton	牛顿
Niederreiter	尼德赖特尔
Nöbabauer	诺鲍尔
Rédei	里德
Riemann	黎曼
Rivest	里夫斯特
Robinson	鲁宾逊
Roger	罗格尔
Rosochowicz	罗索丘维兹
Schur	舒尔
Shamir	沙米尔
Tietäväinen	蒂特凡林
Wegner	威格纳

编辑手记

本书是一本关于数论专题科普的小册子.初版于全民求知若渴的 20 世纪 80 年代.今天已很少见,只有孔夫子网上有人在高价出售.

近日,作家马伯庸的一篇名为"焚书指南"的短文在网上引起热烈讨论.马伯庸写道:"假如遭遇一场千年不遇的极寒,你被迫躲进图书馆,只能焚书取暖,你会先烧哪些书? 如果是我的话,第一批被投入火堆中的书,毫无疑问是成功学和励志书.第二批要投入火堆的书,是各种生活保健书.第三批需要投入火中的,是各路明星们出的自传、感悟和经历."

作为业内人士,笔者十分赞同马先生的高见,但在焚书之后最应重印的应该是像本书这样的科普书.

科普书很难写,既要深入又要浅出,要想写出点新意是很难的.

　　有一位画家说得好："今天我们之所以有点文化,想象力和精神生活,完全受益于书籍,所以我想来想去,世界上所有事里最有价值的,就是通过努力为那个东西增加一点.但这个太难了,你可以做,但放不进去."

　　本书的两位作者一位是数坛宿将,柯召先生的高足孙琦教授,另一位当时还是一位数论新锐,那时的青年才俊,在高校中成才率很高.因为当时人们对科学是真诚的向往和单纯的追求,与今天有很大的不同,在一篇写诗人王小妮的文章中是这样描述当今的大学生:

　　"站在讲台上,她面对的是苦读多年走过高考的沧桑学子.他们仍然单纯热烈,有纷繁的梦想与追求,是未来社会的主人翁,也承载了这个时代的沉重.

　　曾经接受的教育,在学生的精神世界留下了深刻的印痕,他们被考试硬摁在课桌之上,隔阂于教科书之外的世界……"

　　最应该读书的人在担忧自己将来的就业,从而参加各种技能培训考取五花八门的证书,倒冷落了自己的学业自身.

　　巴西政府日前宣布,囚犯每年可以通过读 12 部文学、哲学、科技或古典作品来获取最多 48 天的减刑.如果认为读书是一种痛苦,那么用读书换减刑则是两痛相权取其轻.而读此书则是一种快乐,因为它既有趣又有用.有趣是初等数论的特点.每个爱上数学的人都会喜欢数论,说它有用是因为它在方兴未艾的密码学上大有可为,密码学的使用和研究起源颇早,四千多年以前,人类创造的象形文字就是原始的密码方法,我国周朝姜太公为军队制定的阴符(阴书)就是最初的密码通信方式,而数论的进入使得这一技术近似的成为数论的一个分支.孙琦先生则是国内用数论研究密码学的先行者.用学者钱穆先生下面的话形容柯召先生与孙琦先生几十年偏安川大献身数论研究并使其为国防建设服务之精神是再恰当不过了,"数十年孤陋穷饿,于古今学术略有所窥,其得力最深者,莫如宋明儒.虽居乡僻,未尝敢一日废学.虽经乱离困厄,未尝敢一日颓其志.虽或名利当前,未尝敢动其心.虽或毁誉横生,未尝敢馁其气.虽学不足以自成立,未尝或忘先儒之榘,时切其向慕.虽垂老无以自靖献,未尝不于国家民族世道人心,自任以匹夫之有其责."

本书再版之时,孙琦先生因病住院无力修订,所以开始不同意再版,后在张永芹编辑的力争下才勉强同意.我们对孙琦先生对读者负责的严谨科学态度表示敬佩,同时也借此祝愿孙先生早日康复.

学习前辈的奋斗精神,我们也该多做点什么.美国出版业大亨阿尔班·米歇尔曾深有感慨地说:"出版是一个充满激情的行业,不幸的是,时间太少,一天只有二十四个小时,但没有一个出版商有时间烦恼."所以我们数学工作室一直在为数学忙碌着.

刘培杰
2012 年 9 月 10 日
于哈工大

86

哈尔滨工业大学出版社刘培杰数学工作室
已出版(即将出版)图书目录

书　名	出版时间	定　价	编号
新编中学数学解题方法全书(高中版)上卷	2007—09	38.00	7
新编中学数学解题方法全书(高中版)中卷	2007—09	48.00	8
新编中学数学解题方法全书(高中版)下卷(一)	2007—09	42.00	17
新编中学数学解题方法全书(高中版)下卷(二)	2007—09	38.00	18
新编中学数学解题方法全书(高中版)下卷(三)	2010—06	58.00	73
新编中学数学解题方法全书(初中版)上卷	2008—01	28.00	29
新编中学数学解题方法全书(初中版)中卷	2010—07	38.00	75
新编中学数学解题方法全书(高考复习卷)	2010—01	48.00	67
新编中学数学解题方法全书(高考真题卷)	2010—01	38.00	62
新编中学数学解题方法全书(高考精华卷)	2011—03	68.00	118
新编平面解析几何解题方法全书(专题讲座卷)	2010—01	18.00	61
新编中学数学解题方法全书(自主招生卷)	2013—08	88.00	261
数学眼光透视	2008—01	38.00	24
数学思想领悟	2008—01	38.00	25
数学应用展观	2008—01	38.00	26
数学建模导引	2008—01	28.00	23
数学方法溯源	2008—01	38.00	27
数学史话览胜	2008—01	28.00	28
数学思维技术	2013—09	38.00	260
从毕达哥拉斯到怀尔斯	2007—10	48.00	9
从迪利克雷到维斯卡尔迪	2008—01	48.00	21
从哥德巴赫到陈景润	2008—05	98.00	35
从庞加莱到佩雷尔曼	2011—08	138.00	136
数学解题中的物理方法	2011—06	28.00	114
数学解题的特殊方法	2011—06	48.00	115
中学数学计算技巧	2012—01	48.00	116
中学数学证明方法	2012—01	58.00	117
数学趣题巧解	2012—03	28.00	128
三角形中的角格点问题	2013—01	88.00	207
含参数的方程和不等式	2012—09	28.00	213

哈尔滨工业大学出版社刘培杰数学工作室
已出版(即将出版)图书目录

书　名	出版时间	定　价	编号
数学奥林匹克与数学文化(第一辑)	2006—05	48.00	4
数学奥林匹克与数学文化(第二辑)(竞赛卷)	2008—01	48.00	19
数学奥林匹克与数学文化(第二辑)(文化卷)	2008—07	58.00	36
数学奥林匹克与数学文化(第三辑)(竞赛卷)	2010—01	48.00	59
数学奥林匹克与数学文化(第四辑)(竞赛卷)	2011—08	58.00	87
发展空间想象力	2010—01	38.00	57
走向国际数学奥林匹克的平面几何试题诠释(上、下)(第1版)	2007—01	68.00	11,12
走向国际数学奥林匹克的平面几何试题诠释(上、下)(第2版)	2010—02	98.00	63,64
平面几何证明方法全书	2007—08	35.00	1
平面几何证明方法全书习题解答(第1版)	2005—10	18.00	2
平面几何证明方法全书习题解答(第2版)	2006—12	18.00	10
平面几何天天练上卷·基础篇(直线型)	2013—01	58.00	208
平面几何天天练中卷·基础篇(涉及圆)	2013—01	28.00	234
平面几何天天练下卷·提高篇	2013—01	58.00	237
平面几何专题研究	2013—07	98.00	258
最新世界各国数学奥林匹克中的平面几何试题	2007—09	38.00	14
数学竞赛平面几何典型题及新颖解	2010—07	48.00	74
初等数学复习及研究(平面几何)	2008—09	58.00	38
初等数学复习及研究(立体几何)	2010—06	38.00	71
初等数学复习及研究(平面几何)习题解答	2009—01	48.00	42
世界著名平面几何经典著作钩沉——几何作图专题卷(上)	2009—06	48.00	49
世界著名平面几何经典著作钩沉——几何作图专题卷(下)	2011—01	88.00	80
世界著名平面几何经典著作钩沉(民国平面几何老课本)	2011—03	38.00	113
世界著名解析几何经典著作钩沉——平面解析几何卷	2014—01	38.00	273
世界著名数论经典著作钩沉(算术卷)	2012—01	28.00	125
世界著名数学经典著作钩沉——立体几何卷	2011—02	28.00	88
世界著名三角学经典著作钩沉(平面三角卷Ⅰ)	2010—06	28.00	69
世界著名三角学经典著作钩沉(平面三角卷Ⅱ)	2011—01	38.00	78
世界著名初等数论经典著作钩沉(理论和实用算术卷)	2011—07	38.00	126
几何学教程(平面几何卷)	2011—03	68.00	90
几何学教程(立体几何卷)	2011—07	68.00	130
几何变换与几何证题	2010—06	88.00	70
计算方法与几何证题	2011—06	28.00	129
立体几何技巧与方法	2014—05		293
几何瑰宝——平面几何500名题暨1000条定理(上、下)	2010—07	138.00	76,77
三角形的解法与应用	2012—07	18.00	183
近代的三角形几何学	2012—07	48.00	184
一般折线几何学	即将出版	58.00	203
三角形的五心	2009—06	28.00	51
三角形趣谈	2012—08	28.00	212
解三角形	2014—01	28.00	265
圆锥曲线习题集(上)	2013—06	68.00	255

哈尔滨工业大学出版社刘培杰数学工作室
已出版(即将出版)图书目录

书　名	出版时间	定价	编号
俄罗斯平面几何问题集	2009—08	88.00	55
俄罗斯立体几何问题集	2014—03	58.00	283
俄罗斯几何大师——沙雷金论数学及其他	2014—01	48.00	271
来自俄罗斯的5000道几何习题及解答	2011—03	58.00	89
俄罗斯初等数学问题集	2012—05	38.00	177
俄罗斯函数问题集	2011—03	38.00	103
俄罗斯组合分析问题集	2011—01	48.00	79
俄罗斯初等数学万题选——三角卷	2012—11	38.00	222
俄罗斯初等数学万题选——代数卷	2013—08	68.00	225
俄罗斯初等数学万题选——几何卷	2014—01	68.00	226
463个俄罗斯几何老问题	2012—01	28.00	152
近代欧氏几何学	2012—03	48.00	162
罗巴切夫斯基几何学及几何基础概要	2012—07	28.00	188
超越吉米多维奇——数列的极限	2009—11	48.00	58
Barban Davenport Halberstam 均值和	2009—01	40.00	33
初等数论难题集(第一卷)	2009—05	68.00	44
初等数论难题集(第二卷)(上、下)	2011—02	128.00	82,83
谈谈素数	2011—03	18.00	91
平方和	2011—03	18.00	92
数论概貌	2011—03	18.00	93
代数数论(第二版)	2013—08	58.00	94
代数多项式	2014—05		289
初等数论的知识与问题	2011—02	28.00	95
超越数论基础	2011—03	28.00	96
数论初等教程	2011—03	28.00	97
数论基础	2011—03	18.00	98
数论基础与维诺格拉多夫	2014—03	18.00	292
解析数论基础	2012—08	28.00	216
解析数论基础(第二版)	2014—01	48.00	287
数论入门	2011—03	38.00	99
数论开篇	2012—07	28.00	194
解析数论引论	2011—03	48.00	100
复变函数引论	2013—10	68.00	269
无穷分析引论(上)	2013—04	88.00	247
无穷分析引论(下)	2013—04	98.00	245

哈尔滨工业大学出版社刘培杰数学工作室
已出版(即将出版)图书目录

书　　名	出版时间	定　价	编号
数学分析中的一个新方法及其应用	2013—01	38.00	231
数学分析例选:通过范例学技巧	2013—01	88.00	243
三角级数论(上册)(陈建功)	2013—01	38.00	232
三角级数论(下册)(陈建功)	2013—01	48.00	233
三角级数论(哈代)	2013—06	48.00	254
基础数论	2011—03	28.00	101
超越数	2011—03	18.00	109
三角和方法	2011—03	18.00	112
谈谈不定方程	2011—05	28.00	119
整数论	2011—05	38.00	120
随机过程(Ⅰ)	2014—01	78.00	224
随机过程(Ⅱ)	2014—01	68.00	235
整数的性质	2012—11	38.00	192
初等数论100例	2011—05	18.00	122
初等数论经典例题	2012—07	18.00	204
最新世界各国数学奥林匹克中的初等数论试题(上、下)	2012—01	138.00	144,145
算术探索	2011—12	158.00	148
初等数论(Ⅰ)	2012—01	18.00	156
初等数论(Ⅱ)	2012—01	18.00	157
初等数论(Ⅲ)	2012—01	28.00	158
组合数学	2012—04	28.00	178
组合数学浅谈	2012—03	28.00	159
同余理论	2012—05	38.00	163
丢番图方程引论	2012—03	48.00	172
平面几何与数论中未解决的新老问题	2013—01	68.00	229
历届美国中学生数学竞赛试题及解答(第一卷)1950—1954	2014—05		277
历届美国中学生数学竞赛试题及解答(第二卷)1955—1959	2014—05		278
历届美国中学生数学竞赛试题及解答(第三卷)1960—1964	2014—05		279
历届美国中学生数学竞赛试题及解答(第四卷)1965—1969	2014—05		280
历届美国中学生数学竞赛试题及解答(第五卷)1970—1972	2014—05		281

书　名	出 版 时 间	定　价	编号
历届 IMO 试题集(1959—2005)	2006—05	58.00	5
历届 CMO 试题集	2008—09	28.00	40
历届加拿大数学奥林匹克试题集	2012—08	38.00	215
历届美国数学奥林匹克试题集:多解推广加强	2012—08	38.00	209
历届国际大学生数学竞赛试题集(1994—2010)	2012—01	28.00	143
全国大学生数学夏令营数学竞赛试题及解答	2007—03	28.00	15
全国大学生数学竞赛辅导教程	2012—07	28.00	189
历届美国大学生数学竞赛试题集	2009—03	88.00	43
前苏联大学生数学奥林匹克竞赛题解(上编)	2012—04	28.00	169
前苏联大学生数学奥林匹克竞赛题解(下编)	2012—04	38.00	170
历届美国数学邀请赛试题集	2014—01	48.00	270
整函数	2012—08	18.00	161
多项式和无理数	2008—01	68.00	22
模糊数据统计学	2008—03	48.00	31
模糊分析学与特殊泛函空间	2013—01	68.00	241
受控理论与解析不等式	2012—05	78.00	165
解析不等式新论	2009—06	68.00	48
反问题的计算方法及应用	2011—11	28.00	147
建立不等式的方法	2011—03	98.00	104
数学奥林匹克不等式研究	2009—08	68.00	56
不等式研究(第二辑)	2012—02	68.00	153
初等数学研究(Ⅰ)	2008—09	68.00	37
初等数学研究(Ⅱ)(上、下)	2009—05	118.00	46,47
中国初等数学研究　2009 卷(第 1 辑)	2009—05	20.00	45
中国初等数学研究　2010 卷(第 2 辑)	2010—05	30.00	68
中国初等数学研究　2011 卷(第 3 辑)	2011—07	60.00	127
中国初等数学研究　2012 卷(第 4 辑)	2012—07	48.00	190
中国初等数学研究　2014 卷(第 5 辑)	2014—02	48.00	288
数阵及其应用	2012—02	28.00	164
绝对值方程—折边与组合图形的解析研究	2012—07	48.00	186
不等式的秘密(第一卷)	2012—02	28.00	154
不等式的秘密(第一卷)(第 2 版)	2014—02	38.00	286
不等式的秘密(第二卷)	2014—01	38.00	268

哈尔滨工业大学出版社刘培杰数学工作室
已出版(即将出版)图书目录

书　　名	出版时间	定　价	编号
初等不等式的证明方法	2010－06	38.00	123
数学奥林匹克问题集	2014－01	38.00	267
数学奥林匹克不等式散论	2010－06	38.00	124
数学奥林匹克不等式欣赏	2011－09	38.00	138
数学奥林匹克超级题库(初中卷上)	2010－01	58.00	66
数学奥林匹克不等式证明方法和技巧(上、下)	2011－08	158.00	134,135
近代拓扑学研究	2013－04	38.00	239
新编640个世界著名数学智力趣题	2014－01	88.00	242
500个最新世界著名数学智力趣题	2008－06	48.00	3
400个最新世界著名数学最值问题	2008－09	48.00	36
500个世界著名数学征解问题	2009－06	48.00	52
400个中国最佳初等数学征解老问题	2010－01	48.00	60
500个俄罗斯数学经典老题	2011－01	28.00	81
1000个国外中学物理好题	2012－04	48.00	174
300个日本高考数学题	2012－05	38.00	142
500个前苏联早期高考数学试题及解答	2012－05	28.00	185
546个早期俄罗斯大学生数学竞赛题	2014－03	38.00	285
博弈论精粹	2008－03	58.00	30
数学 我爱你	2008－01	28.00	20
精神的圣徒　别样的人生——60位中国数学家成长的历程	2008－09	48.00	39
数学史概论	2009－06	78.00	50
数学史概论(精装)	2013－03	158.00	272
斐波那契数列	2010－02	28.00	65
数学拼盘和斐波那契魔方	2010－07	38.00	72
斐波那契数列欣赏	2011－01	28.00	160
数学的创造	2011－02	48.00	85
数学中的美	2011－02	38.00	84
王连笑教你怎样学数学——高考选择题解题策略与客观题实用训练	2014－01	48.00	262
最新全国及各省市高考数学试卷解法研究及点拨评析	2009－02	38.00	41
高考数学的理论与实践	2009－08	38.00	53
中考数学专题总复习	2007－04	28.00	6
向量法巧解数学高考题	2009－08	28.00	54
高考数学核心题型解题方法与技巧	2010－01	28.00	86
高考思维新平台	2014－03	38.00	259
数学解题——靠数学思想给力(上)	2011－07	38.00	131
数学解题——靠数学思想给力(中)	2011－07	48.00	132
数学解题——靠数学思想给力(下)	2011－07	38.00	133
我怎样解题	2013－01	48.00	227

书　名	出版时间	定　价	编号
2011 年全国及各省市高考数学试题审题要津与解法研究	2011－10	48.00	139
2013 年全国及各省市高考数学试题解析与点评	2014－01	48.00	282
新课标高考数学——五年试题分章详解(2007～2011)(上、下)	2011－10	78.00	140,141
30 分钟拿下高考数学选择题、填空题	2012－01	48.00	146
全国中考数学压轴题审题要津与解法研究	2013－04	78.00	248
高考数学压轴题解题诀窍(上)	2012－02	78.00	166
高考数学压轴题解题诀窍(下)	2012－03	28.00	167

书　名	出版时间	定　价	编号
格点和面积	2012－07	18.00	191
射影几何趣谈	2012－04	28.00	175
斯潘纳尔引理——从一道加拿大数学奥林匹克试题谈起	2014－01	18.00	228
李普希兹条件——从几道近年高考数学试题谈起	2012－10	18.00	221
拉格朗日中值定理——从一道北京高考试题的解法谈起	2012－10	18.00	197
闵科夫斯基定理——从一道清华大学自主招生试题谈起	2014－01	28.00	198
哈尔测度——从一道冬令营试题的背景谈起	2012－08	28.00	202
切比雪夫逼近问题——从一道中国台北数学奥林匹克试题谈起	2013－04	38.00	238
伯恩斯坦多项式与贝齐尔曲面——从一道全国高中数学联赛试题谈起	2013－03	38.00	236
卡塔兰猜想——从一道普特南竞赛试题谈起	2013－06	18.00	256
麦卡锡函数和阿克曼函数——从一道前南斯拉夫数学奥林匹克试题谈起	2012－08	18.00	201
贝蒂定理与拉姆贝克莫斯尔定理——从一个拣石子游戏谈起	2012－08	18.00	217
皮亚诺曲线和豪斯道夫分球定理——从无限集谈起	2012－08	18.00	211
平面凸图形与凸多面体	2012－10	28.00	218
斯坦因豪斯问题——从一道二十五省市自治区中学数学竞赛试题谈起	2012－07	18.00	196
纽结理论中的亚历山大多项式与琼斯多项式——从一道北京市高一数学竞赛试题谈起	2012－07	28.00	195
原则与策略——从波利亚"解题表"谈起	2013－04	38.00	244
转化与化归——从三大尺规作图不能问题谈起	2012－08	28.00	214
代数几何中的贝祖定理(第一版)——从一道 IMO 试题的解法谈起	2013－08	38.00	193
成功连贯理论与约当块理论——从一道比利时数学竞赛试题谈起	2012－04	18.00	180
磨光变换与范·德·瓦尔登猜想——从一道环球城市竞赛试题谈起	即将出版		
素数判定与大数分解	即将出版	18.00	199
置换多项式及其应用	2012－10	18.00	220
椭圆函数与模函数——从一道美国加州大学洛杉矶分校(UCLA)博士资格考题谈起	2012－10	38.00	219
差分方程的拉格朗日方法——从一道 2011 年全国高考理科试题的解法谈起	2012－08	28.00	200

哈尔滨工业大学出版社刘培杰数学工作室
已出版(即将出版)图书目录

书　　名	出版时间	定　价	编号
力学在几何中的一些应用	2013—01	38.00	240
高斯散度定理、斯托克斯定理和平面格林定理——从一道国际大学生数学竞赛试题谈起	即将出版		
康托洛维奇不等式——从一道全国高中联赛试题谈起	2013—03	28.00	337
西格尔引理——从一道第 18 届 IMO 试题的解法谈起	即将出版		
罗斯定理——从一道前苏联数学竞赛试题谈起	即将出版		
拉克斯定理和阿廷定理——从一道 IMO 试题的解法谈起	2014—01	58.00	246
毕卡大定理——从一道美国大学数学竞赛试题谈起	即将出版		
贝齐尔曲线——从一道全国高中联赛试题谈起	即将出版		
拉格朗日乘子定理——从一道 2005 年全国高中联赛试题谈起	即将出版		
雅可比定理——从一道日本数学奥林匹克试题谈起	2013—04	48.00	249
李天岩—约克定理——从一道波兰数学竞赛试题谈起	即将出版		
整系数多项式因式分解的一般方法——从克朗耐克算法谈起	即将出版		
布劳维不动点定理——从一道前苏联数学奥林匹克试题谈起	2014—01	38.00	273
压缩不动点定理——从一道高考数学试题的解法谈起	即将出版		
伯恩赛德定理——从一道英国数学奥林匹克试题谈起	即将出版		
布查特—莫斯特定理——从一道上海市初中竞赛试题谈起	即将出版		
数论中的同余数问题——从一道普特南竞赛试题谈起	即将出版		
范·德蒙行列式——从一道美国数学奥林匹克试题谈起	即将出版		
中国剩余定理——从一道美国数学奥林匹克试题的解法谈起	即将出版		
牛顿程序与方程求根——从一道全国高考试题解法谈起	即将出版		
库默尔定理——从一道 IMO 预选试题谈起	即将出版		
卢丁定理——从一道冬令营试题的解法谈起	即将出版		
沃斯滕霍姆定理——从一道 IMO 预选试题谈起	即将出版		
卡尔松不等式——从一道莫斯科数学奥林匹克试题谈起	即将出版		
信息论中的香农熵——从一道近年高考压轴题谈起	即将出版		
约当不等式——从一道希望杯竞赛试题谈起	即将出版		
拉比诺维奇定理	即将出版		
刘维尔定理——从一道《美国数学月刊》征解问题的解法谈起	即将出版		
卡塔兰恒等式与级数求和——从一道 IMO 试题的解法谈起	即将出版		
勒让德猜想与素数分布——从一道爱尔兰竞赛试题谈起	即将出版		
天平称重与信息论——从一道基辅市数学奥林匹克试题谈起	即将出版		

哈尔滨工业大学出版社刘培杰数学工作室
已出版(即将出版)图书目录

书　名	出版时间	定　价	编号
艾思特曼定理——从一道 CMO 试题的解法谈起	即将出版		
一个爱尔特希问题——从一道西德数学奥林匹克试题谈起	即将出版		
有限群中的爱丁格尔问题——从一道北京市初中二年级数学竞赛试题谈起	即将出版		
贝克码与编码理论——从一道全国高中联赛试题谈起	即将出版		
帕斯卡三角形	2014—01	18.00	294
蒲丰投针问题——从 2009 年清华大学的一道自主招生试题谈起	2014—01	38.00	295
斯图姆定理——从一道"华约"自主招生试题的解法谈起	2014—01		296
许瓦兹引理——从一道加利福尼亚大学伯克利分校数学系博士生试题谈起	2014—01		297
拉格朗日中值定理——从一道北京高考试题的解法谈起	2014—01		298
拉姆塞定理——从王诗宬院士的一个问题谈起	2014—01		299
中等数学英语阅读文选	2006—12	38.00	13
统计学专业英语	2007—03	28.00	16
统计学专业英语(第二版)	2012—07	48.00	176
幻方和魔方(第一卷)	2012—05	68.00	173
尘封的经典——初等数学经典文献选读(第一卷)	2012—07	48.00	205
尘封的经典——初等数学经典文献选读(第二卷)	2012—07	38.00	206
实变函数论	2012—06	78.00	181
非光滑优化及其变分分析	2014—01	48.00	230
疏散的马尔科夫链	2014—01	58.00	266
初等微分拓扑学	2012—07	18.00	182
方程式论	2011—03	38.00	105
初级方程式论	2011—03	28.00	106
Galois 理论	2011—03	18.00	107
古典数学难题与伽罗瓦理论	2012—11	58.00	223
伽罗华与群论	2014—01	28.00	290
代数方程的根式解及伽罗瓦理论	2011—03	28.00	108
线性偏微分方程讲义	2011—03	18.00	110
N 体问题的周期解	2011—03	28.00	111
代数方程式论	2011—05	18.00	121
动力系统的不变量与函数方程	2011—07	48.00	137
基于短语评价的翻译知识获取	2012—02	48.00	168
应用随机过程	2012—04	48.00	187
概率论导引	2012—04	18.00	179
矩阵论(上)	2013—06	58.00	250
矩阵论(下)	2013—06	48.00	251

哈尔滨工业大学出版社刘培杰数学工作室
已出版(即将出版)图书目录

书　名	出版时间	定　价	编号
抽象代数:方法导引	2013—06	38.00	257
闵嗣鹤文集	2011—03	98.00	102
吴从炘数学活动三十年(1951～1980)	2010—07	99.00	32
吴振奎高等数学解题真经(概率统计卷)	2012—01	38.00	149
吴振奎高等数学解题真经(微积分卷)	2012—01	68.00	150
吴振奎高等数学解题真经(线性代数卷)	2012—01	58.00	151
高等数学解题全攻略(上卷)	2013—06	58.00	252
高等数学解题全攻略(下卷)	2013—06	58.00	253
高等数学复习纲要	2014—01	18.00	384
钱昌本教你快乐学数学(上)	2011—12	48.00	155
钱昌本教你快乐学数学(下)	2012—03	58.00	171
数贝偶拾——高考数学题研究	2014—01	28.00	274
数贝偶拾——初等数学研究	2014—01	38.00	275
数贝偶拾——奥数题研究	2014—01	48.00	276
集合、函数与方程	2014—01	28.00	300
数列与不等式	2014—01	38.00	301
三角与平面向量	2014—01	28.00	302
平面解析几何	2014—01	38.00	303
立体几何与组合	2014—01	28.00	304
极限与导数、数学归纳法	2014—01	38.00	305
趣味数学	即将出版		306
教材教法	即将出版		307
自主招生	即将出版		308
高考压轴题(上)	即将出版		309
高考压轴题(下)	即将出版		310
从费马到怀尔斯——费马大定理的历史	2013—10	198.00	I
从庞加莱到佩雷尔曼——庞加莱猜想的历史	2013—10	298.00	II
从切比雪夫到爱尔特希(上)——素数定理的初等证明	2013—07	48.00	III
从切比雪夫到爱尔特希(下)——素数定理100年	2012—12	98.00	III
从高斯到盖尔方特——虚二次域的高斯猜想	2013—10	198.00	IV
从库默尔到朗兰兹——朗兰兹猜想的历史	2014—01	98.00	V
从比勃巴赫到德布朗斯——比勃巴赫猜想的历史	2014—02	298.00	VI
从麦比乌斯到陈省身——麦比乌斯变换与麦比乌斯带	2014—02	298.00	VII
从布尔到豪斯道夫——布尔方程与格论漫谈	2013—10	198.00	VIII
从开普勒到阿诺德——三体问题的历史	2014—05	298.00	IX
从华林到华罗庚——华林问题的历史	2013—10	298.00	X

哈尔滨工业大学出版社刘培杰数学工作室
已出版(即将出版)图书目录

书　名	出版时间	定　价	编号
三角函数	2014－01	38.00	311
不等式	2014－01	28.00	312
方程	2014－01	28.00	314
数列	2014－01	38.00	313
排列和组合	2014－01	28.00	315
极限与导数	2014－01	28.00	316
向量	2014－01	38.00	317
复数及其应用	2014－01	28.00	318
函数	2014－01	38.00	319
集合	即将出版		320
直线与平面	2014－01	28.00	321
立体几何	2014－01	28.00	322
解三角形	即将出版		323
直线与圆	2014－01	18.00	324
圆锥曲线	2014－01	38.00	325
解题通法(一)	2014－01	38.00	326
解题通法(二)	2014－01	38.00	327
解题通法(三)	2014－01	38.00	328
概率与统计	2014－01	28.00	329
信息迁移与算法	即将出版		330
第19～23届"希望杯"全国数学邀请赛试题审题要津详细评注(初一版)	2014－03	28.00	
第19～23届"希望杯"全国数学邀请赛试题审题要津详细评注(初二、初三版)	2014－03	38.00	
第19～23届"希望杯"全国数学邀请赛试题审题要津详细评注(高一版)	2014－03	28.00	
第19～23届"希望杯"全国数学邀请赛试题审题要津详细评注(高二版)	2014－03	38.00	

联系地址:哈尔滨市南岗区复华四道街 10 号　哈尔滨工业大学出版社刘培杰数学工作室
网　　址:http://lpj.hit.edu.cn/
邮　　编:150006
联系电话:0451－86281378　　13904613167
E-mail:lpj1378@163.com